普通高等教育"十二五"规划教材

新编C语言程序设计 上机实验教程

主　编　孙家启　万家华

副主编　张怡文　汪红霞

参　编　刘　运　贺爱香　郭　元

U0238120

中国水利水电出版社
www.waterpub.com.cn

内 容 提 要

本书为《新编C语言程序设计教程》（孙家启、万家华主编，以下简称主教材的配套辅导书），共分为上机实验、习题参考答案、考试样卷以及附录等4个部分。上机实验部分按知识点，精选了9个典型实验（每个实验对应主教材中一章的内容），给出实验目的、实验准备、实验步骤、实验内容以及思考与练习，同时还详细地介绍了当前广泛使用的 VisualC++6.0 集成环境下编辑、编译、调试和运行C语言程序的方法和主要功能键应用等；习题解答部分给出了主教材中各章全部习题的参考答案；考试样卷部分给出全国计算机等级考试、全国高等学校（安徽考区）计算机水平考试的笔试和机试样卷及参考答案；附录部分提供了全国计算机等级考试、全国高等学校（安徽考区）计算机水平考试大纲等。

本书内容丰富、概念清晰、实用性强，是学习C语言程序设计的一本好书，它不仅可以作为《新编C语言程序设计教程》的辅导书，而且还可以作为其他C语言程序设计教材的参考书；既适于高等学校师生或计算机培训班使用，也可供报考计算机等级（水平）考试者和其他自学者参考。

图书在版编目（CIP）数据

新编C语言程序设计上机实验教程/孙家启，万家华
主编 . —北京：中国水利水电出版社，2013.12（2017.6重印）
普通高等教育"十二五"规划教材
ISBN 978 - 7 - 5170 - 1360 - 0

Ⅰ.①新… Ⅱ.①孙…②万… Ⅲ.①C语言-程序设
计-高等学校-教学参考教材 Ⅳ.①TP312

中国版本图书馆 CIP 数据核字（2013）第 310820 号

书　　名	普通高等教育"十二五"规划教材 **新编C语言程序设计上机实验教程**
作　　者	主编　孙家启　万家华　　副主编　张怡文　汪红霞
出版发行	中国水利水电出版社 （北京市海淀区玉渊潭南路1号D座　100038） 网址：www. waterpub. com. cn E - mail：sales@waterpub. com. cn 电话：（010）68367658（营销中心）
经　　售	北京科水图书销售中心（零售） 电话：（010）88383994、63202643、68545874 全国各地新华书店和相关出版物销售网点
排　　版	中国水利水电出版社微机排版中心
印　　刷	北京瑞斯通印务发展有限公司
规　　格	184mm×260mm　16开本　10.5印张　249千字
版　　次	2013年12月第1版　2017年6月第3次印刷
印　　数	9001—11000册
定　　价	**24.00元**

凡购买我社图书，如有缺页、倒页、脱页的，本社营销中心负责调换

前言

　　C 语言是国内外广泛使用的计算机语言。多年来，C 语言在国内得到迅速的推广应用，许多高校相继开设了 C 语言程序设计课程。编者于 1998 年编写了《C 语言程序设计教程》、《C 语言程序设计上机实验教程》，由安徽大学出版社出版，2001 年该书进行了修订，且被列为安徽省教育厅编组的计算机基础教育系列教材，成为安徽省高校 C 语言教学主流用书。

　　根据计算机技术的发展及教学要求并梳理了多年来专家和读者反馈的建议（或意见），编者对原《C 语言程序设计教程》、《C 语言程序设计上机实验教程》教材的内容、平台和版本进行调整和更新与时代发展相适应，而编写了《新编 C 语言程序设计教程》、《新编 C 语言程序设计上机实验教材》，以更新更好的面目呈现在读者面前。

　　应当指出，学习 C 语言程序设计光靠看书和听课是不够的，程序设计需要有必要的理论知识指导，但是更重要的是需要丰富的实践经验，有许多细节是难以直接从教材中学到的，必须经过自己亲身实践（包括成功的经验和失败的教训）才能真正学到手。因此，在学习过程中必须十分重视实验环节，包括编写程序、调试程序。

　　《新编 C 语言程序设计上机实验教程》是《新编 C 语言程序设计教程》的配套辅导书，就是为了帮助读者更好地进行程序设计实践而编写的，全书分为 4 个部分。

　　第 1 部分是 C 语言程序设计上机实验。在这部分中详细介绍了目前多数用户广泛应用的 Visual C＋＋6.0 集成环境的上机过程和错误信息。并且具体安排了 9 个实验（每个实验对应教材中一章的内容），便于进行实验教学。

　　由于篇幅和课时限制，在教材和课堂讲授中只能介绍一些典型的例题，建议读者除了完成教师指定的习题和实验外，尽可能阅读本书介绍的全部程序，并上机运行本书提供的全部实验内容、思考与练习以及自己感兴趣的程序，以开阔思路，提高编程能力。

　　第 2 部分是《新编 C 语言程序设计教程》习题参考答案。这部分给出了《新编 C 语言程序设计教程》一书的全部习题参考答案。对编程题，首先对题意进行了分析，除给出参考程序外，有的还给出运行结果，以便读者对照分析。应该说明，本书给出的程序并非是唯一正确的解答，对同一个题目可以编出多种程序，本书给出的只是其中一种，也不一定是最佳的一种。读者在使用本书时，千万不要照抄照搬，最好先不要看本书提供的参考解答，而由自己独立编写程序，独立上机调试和运行，最后可以把自己编写的程序和本书提供的参考答案比较一下，分析各自的优缺点，以便使学习更深入。其实本书只是提供了一种参考答案，读者完全可以编写出更好的程序。本书所有的程序都在VisualC＋＋6.0集成环境下调试通过。

第3部分是C语言程序设计笔试、机试样卷及参考答案。为了帮助学生更好地备战，本书提供了多套样卷。样卷可以提供给学生一个自我检验的机会，学生在学完本书之后可以通过多套样卷进行自我检验，从中发现哪些部分存在疑问。哪些知识掌握还比较薄弱，从而可以进行针对性的复习与巩固，最终达到通过考试的目的。

第4部分是附录。其内容为全国计算机等级考试（二级）C语言程序设计考试大纲、全国高等学校（安徽考区）计算机水平考试（二级）C语言程序设计教学（考试）大纲等，便于学生了解考试内容、要求、形式及相关说明等。

全书由孙家启、万家华任主编，张怡文、汪红霞任副主编。实验1、第1章习题参考答案由孙家启编写，实验2、3和第2、3章习题参考答案由刘运编写，实验4、8和第4、8章习题参考答案由万家华编写，实验5、6和第5、6章习题参考答案由汪红霞编写，实验7、9和第7、9章习题参考答案由张怡文编写。另外，C语言程序设计考试样卷及参考答案和附录由刘运、孙家启合作编写。贺爱香、郭元提供本书部分资料，表示感谢。

由于编者水平有限，难免会有一些错误，希望读者不吝赐教，以便我们再版时修正。

编者

2013 年 8 月

目录

第1部分　C语言程序设计上机实验

实验1　C语言程序设计概述

【实验目的】

(1) 了解 Visual C++6.0 集成环境的进入与退出。

(2) 了解 Visual C++6.0 集成环境各种窗口的切换。

(3) 了解 Visual C++6.0 集成环境的设置。

(4) 掌握 C 语言源程序的建立、编辑、修改、保存及编译和运行。

(5) 掌握 C 语言源程序的结构特点与书写规范。

【实验准备】

(1) 了解 Visual C++6.0 的使用方法。

(2) 熟悉编辑、编译、连接和运行的快捷键的使用。

(3) 熟悉运行程序的流程。

【实验步骤】

(1) 编辑源程序。

(2) 编译、连接并运行程序。

(3) 检查输出结果是否正确。

【实验内容】

1. C 语言程序设计的基本步骤

计算机只能识别和执行由 0 和 1 组成的二进制的指令，而不能识别和执行用 C 语言编写的指令。为了使计算机能执行源程序，必须先用一种称为"编译程序"的软件，把源程序翻译成二进制形式的"目标程序"，然后再将该目标程序与系统的函数库以及其他目标程序连接起来，形成可执行的目标程序。

用 C 语言设计一个应用程序，需要经历以下几个基本步骤：

(1) 分析需求：了解清楚程序应有的功能。

(2) 设计算法：根据所需功能，找出完成功能的具体步骤和方法，其中每一步都应当是简单的、确定的、有限步骤的。也称为"逻辑编程"。

(3) 编写程序：按照 C 语言语法规则在编辑界面编写源程序。将源程序逐个字符输入到计算机内存，并保存为文件，文件扩展名为".c"。

(4) 编译程序：将已编辑好的源程序翻译成计算机识别的二进制代码文件，也成为目标程序，其扩展名为".obj"。在编译时，还要对源程序进行语法检查，如发现错误，则显示出错信息，此时应重新进入编辑状态，对源程序进行修改后再重新编译，直到通过编译为止。

（5）连接程序：将各个模块的二进制目标代码与系统标准模块经过连接处理后，得到可执行的文件，其扩展名为".exe"。

（6）执行可执行文件：一个经过编译和连接的可执行的文件，只有在操作系统的支持和管理下才能执行它。图1-1描述了从一个C语言程序到生成可执行文件的全过程。

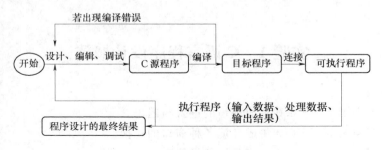

图1-1　C程序实现过程示意图

C程序中会有预处理命令。所谓预处理，就是在正式开始编译前先做的一些准备工作。VC++的预处理命令有多种，其中最常用的是以♯include开头的命令，一般称为"inciude命令"。

include命令的常用格式：

♯include<文件名>or　♯include"文件名"

include命令规定的预处理是，读取指定的头文件的全部内容，把这些内容当作源程序的组成部分，位置就在源程序中include命令所在的位置。VC++提供了许多头文件，保存在专门的子目录include中，每个头文件都服务于某一项或某一组功能，当程序中要用到这样的功能时，就要在程序的声明区写上一行include命令，指定对应的头文件。一个程序需要用到多少头文件，就有多少行include命令。

2. Visual C++6.0的集成开发环境

程序设计需要经过一系列的步骤，这些步骤中，有一些需要使用工具软件，例如，程序的输入和修改需要文字编辑软件，编译需要编译软件等。集成开发环境（Integrated Developing Environment，简称IDE）就是一个综合性的工具软件，它把程序设计全过程所需的各项功能集合在一起，为程序设计人员提供完整的服务。Visual C++6.0就是这样一种集成开发环境。

（1）主窗口。

Visual C++6.0集成开发环境的主窗口，如图1-2所示。

1）工作区窗口：VC++以工程工作区的形式组织文件、工程和工程设置。工作区窗口中显示当前正在处理的工程基本信息，通过窗口下方的选项卡可以使窗口显示不同类型的信息。

2）源程序编辑窗口：是输入、修改和显示源程序的场所。

3）输出窗口：是编译、连接时显示信息的场所。

4）状态栏：是显示当前操作或所选择命令的提示信息。

（2）主要菜单功能。

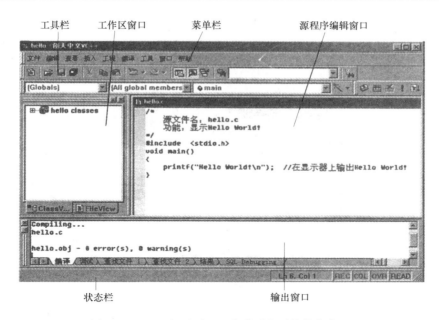

图 1-2   Visual C++6.0 集成开发环境的主窗口

下面是一些最常用的菜单命令：

1）"文件/新建"：创建一个新的文件、工程或工作区，其中"文件"选项卡用于创建文件，包括".c"为文件名后缀的文件；"工程"选项卡用于创建新工程。

2）"文件/打开"：在源程序编辑窗口中打开一个已经存在的源文件或其他需要编辑的文件。

3）"文件""关闭"：关闭在源程序编辑窗口中显示的文件。

4）"文件""打开工作区"：打开一个已有的工作区文件，实际上就是打开对应工程的一系列文件，准备继续对此工程进行工作。

5）"文件""保存工作区"：把当前打开的工作区的各种信息保存到工作区文件中。

6）"文件""关闭工作区"：关闭当前打开的工作区。

7）"文件""保存"：保存源程序编辑窗口中打开的文件。

8）"文件""另存为"：把活动窗口的内容另存为一个新的文件。

9）"查看""工作区"：打开、激活工作区窗口。

10）"查看""输出"：打开、激活输出窗口。

11）"查看""调试窗口"：打开、激活调试信息窗口。

12）"工程""添加工程""新建"：在工作区中创建一个新的文件或工程。

13）"编译""编译"：编译源程序编辑窗口中的程序，也可用快捷键 Ctrl+F7。

14）"编译""构件"：连接、生成可执行程序文件，也可用快捷键 F7。

15）"编译""执行"：执行程序，也可用快捷键 Ctrl+F5。

16）"编译""开始调试"：启动调试器。

（3）具体演示。

1）打开 Microsoft Visual C++6.0 的工作界面如图 1-3 所示，点击关闭。

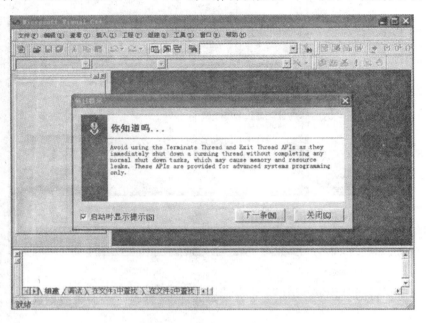

图 1-3　Microsoft Visual C++6.0 界面

2）使用 Microsoft Visual C++6.0 不仅可以创建控制台应用程序，也可以创建 Windows 应用程序，在此选择创建一个控制台应用程序。选择"文件"→"新建"，如图 1-4 所示。

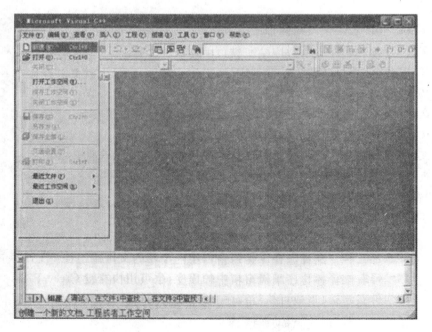

图 1-4　Visual C++6.0 环境下创建

3）单击"新建"按钮，显示对话框如图 1-5 所示，在工程名称处写 vc。

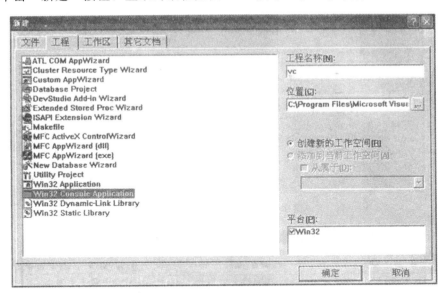

图 1-5　"新建"对话框

4）单击"确定"按钮，显示对话框如图 1-6 所示。

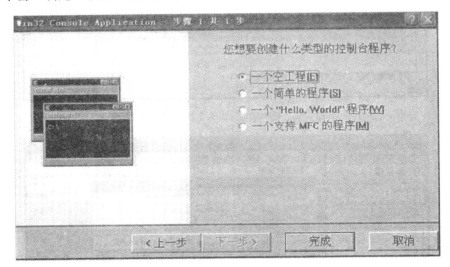

图 1-6　"Win32 Console Application"对话框

5）选中"一个空工程（E）"选项后，单击"完成"按钮，在弹出的"新建工程信息"对话框中，如图 1-7 所示。

6）单击"确定"按钮，出现如图 1-8 所示的窗口。

7）选择命令"工程"→"添加工程"→"新建"，出现如图 1-9 所示的对话框。

8）在"文件"选项卡下，选择"C++ Source Flie"选项，在"文件"文本框中输入"vc.c"，如图 1-10 所示。

图 1-7 "新建工程系信"对话框

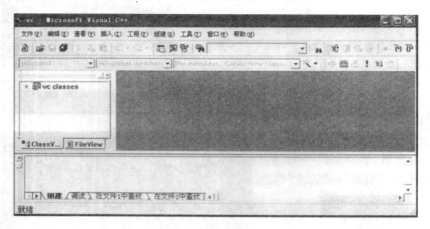

图 1-8 Visual C++6.0 环境项目界面

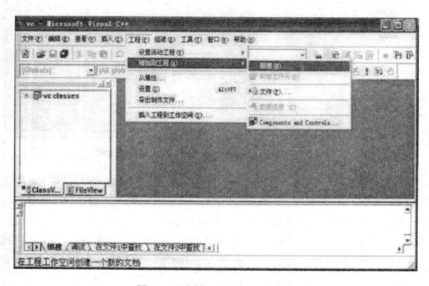

图 1-9 添加工程流程对话框

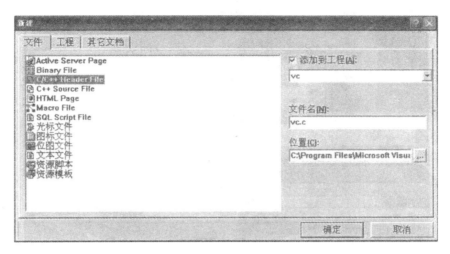

图 1 - 10 设置源文件保存路径

9）单击"确定"按钮，出现图 1-11 所示的窗口，右边有字符光标闪烁，提示输入程序。

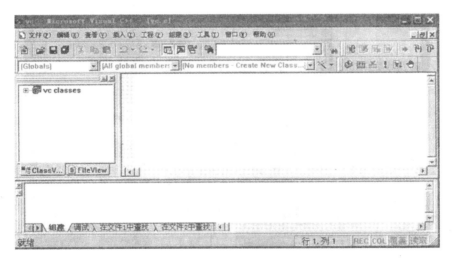

图 1-11 编辑界面

10）输入程序的全部内容，如图 1-12 所示，在输入的时候不要输入中文标点符号。然后选择菜单命令"文件"→"保存"，把输入的内容保存到文件：C：\ Program Files \ Microsoft Visual Studio \ MyProjects \ vc。

11）选择命令"编译"→"编译 vc. c"，结果如图 1-13 所示。窗口下部的显示框内最后一行说明在程序中发现多少错误。如果不是"0 error（s），0 warning（s）"，则要检查输入的程序，纠正错误，再重复此步骤，直到没有错误为止。修改完成后，请注意按照步骤 8）保存修改后的程序。

12）选择命令"组建"→"vc. exe"，结果如图 1-14 所示。

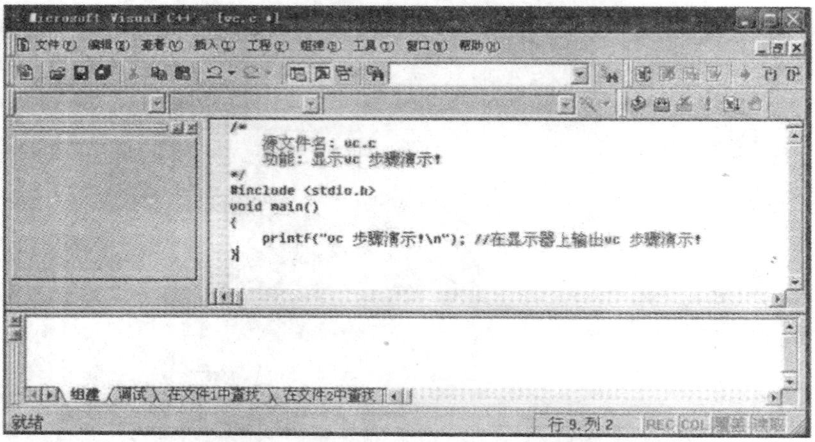

图 1-12　编辑源程序

图 1-13　编译源程序

图 1-14　组建源程序

13) 选择命令"执行 vc. exe",结果图 1 – 15 所示。

图 1 – 15　程序运行结果

14) 文件保存的路径在 C: \ Program Files \ Microsoft Visual Studio \ MyProjects \ vc,如图 1 – 16 所示。

图 1 – 16　项目存放文件夹

3．示例

创建和运行一个 C 语言程序。

创建工程涉及的过程步骤如下：

(1) 打开 Visual C++6.0 工作界面。

(2) 使用 Visual C++6.0 创建控制台应用程序。

(3) 单击"确定"按钮,显示"Win32 Console Application"对话框。

(4) 选中"An empty project"选项后,单击"完成按钮",再单击"确定"按钮,显示"Visual C++IDE"窗口。

(5) 选命令"工程"→添加工程→"新建",显示"新建"对话框。

(6) 单击"确定"按钮,出现"编辑模式下的 Visual C++IDE"窗口,并提示输入程序。

```
#include<stdio. h>
void main(   )
{
```

```
        printf("Hello World!");
    }
```

（7）输入程序的全部内容，在输入的时候不要输入中文标点符号。然后选择菜单命令"文件"→"保存"，把输入的内容保存到文件 d：\ c—program \ hello. c。

（8）选择命令"编译"→编译"hello. c"，出现"编辑 C 源代码"显示框。窗口下部的显示框内最后一行说明在程序中发现了多少错误。如果不是"0 error(s)，0 warning(s)"，则要检查输入程序，纠正错误，再重复此步骤，直到没有错误为止。修改完成后，请注意安排步骤（7）保存修改的程序。也可以用快捷键"Ctrl＋F7"。

（9）选择命令"编译"→构件"hello. exe"，结果显示"通过连接生成的可执行程序"窗口。也可以用快捷键"F7"。

（10）选择命令"编译"→执行"hello. exe"，显示程序运行结果。也可以用快捷键"Ctrl＋F5"。

（11）将以上程序保存好后，再新建一个源程序文件，输入以下程序并调试运行（注意编译时的错误信息提示，改正后重新运行，程序正确运行后需要用键盘输入一个整数）。

```
        #include<stdio. h>
        void main()
        {
            int t,a,b=10;
            scanf("%d",&a);
            if(a<b){t=a,a=b,b=t;}
            printf("a=%d\tb=%d\n",a,b);
        }
```

当用键盘输入 5 时，程序运行结果：
　a＝10
　b＝5

（12）如果要结束上机实验，则可选择命令"文件"→"退出"。

【思考与练习】

（1）将前面实验的"hello. c"源程序中第一行省略：
　　　#include<stdio. h>
其结果如何？说明其原因。

（2）如何在屏幕上输出一行字符" c world：www. vcok. com"？

（3）参照 hello. c 程序。使用 3 个 printf 函数语句编程输出以下信息：
　　* * * * * * * * * * * *
　　This is a c program.
　　* * * * * * * * * * * *

（4）修改下面程序，使之能够正常运行，并得出正确结果。
```
        void main(   )
        {   int a,b;
```

```
    a=2;
    b=3;
    c=a*b;
    printf("c=%d",c);
}
```

（5）在 vc 系统上编辑、编译、连接和运行如下 C 程序。

```
#include<stdio.h>
void main()
{   char c1,c2;
    c1=97;c2=98;
    printf("%c%c\n",c1,c2);
    printf("%d%d\n",c1,c2);
}
```

实验 2　数据类型、运算和输入输出

【实验目的】

（1）掌握变量的名称、类型及创建方法。

（2）掌握三种基本类型数据的赋值方法。

（3）掌握三种基本数据类型变量的存储范围。

【实验准备】

（1）了解变量的定义、使用方法。

（2）明确在什么条件下选择什么类型的变量。

（3）明确变量初始化的几种形式。

【实验步骤】

（1）编辑源程序。

（2）对源程序进行编译并调试程序。

（3）连接并运行程序。

（4）检查输出结果是否正确。

【实验内容】

（1）先定义 3 个整形变量，分别给 3 个变量赋初值。编写程序输出 3 个数的和与平均数。

分析：变量必须先定义后使用。本题需要定义 5 个变量，分别存放 3 个整形数据和值与平均数，其中存放平均数的变量应该定义为实型。

程序设计如下：

```
#include<stdio.h>
void main()
{
```

```
    int num1,num2,num3,sum;
    float ave;
    num1=80;
    num2=78;
    num3=92;
    sum=num1+num2+num3;
    ave=sum/3;
    printf("%d,%d,%d 的和是%d,平均数是%f\n",num1,num2,num3,sum,
        ave);}
```

运行结果：

输出结果为：80，78，92 的和是 250，平均数是 83.000000

（2）根据上题内容，任意输入 3 个数存放在 3 个变量中。编写程序输出 3 个数的和与平均数。小数点后保留两位。

分析： 使用函数 scanf() 实现任意 3 个数的输入。这里的变量必须定义为实型。程序设计如下：

```
    #include<stdio.h>
    void main()
    {
    float num1,num2,num3,sum,ave;
    printf("请输入 3 个数:");
    scanf("%f%f%f",&num1,&num2,&num3);
    sum=numl+num2+num3;
    ave=sum/3;
    printf("%.2f,%.2f,%.2f 的和是%.2f,平均数是%.2f\n",num1,num2,num3,
        sum,ave);}
```

运行结果：

请输入 3 个数：78.554　93.446　82.1

78.55，93.45，82.10 的和是 254.10，平均数是 84.70

（3）任意输入一个字符，输出它前一个字符和后一个字符以及这 3 个字符的 ASCII 码值。

分析： 字符型变量的输入可以使用函数 scanf() 或者函数 getchar()，输出时的格式控制符号可以是%c，也可以是%d。

```
    #include<stdio.h>
    void main()
    {
    char ch;
    printf("请输入一个字符:");
    scanf("%c",&ch);
```

```
        printf("您输入的字符是%c,其 ASCII 码制是%d\n",ch,ch);
        printf("该字符的前一个字符是%c,其 ASCII 码制是%d\n",ch-1,ch-1);
        printf("该字符的后一个字符是%c,其 ASCII 码制是%d\n",ch+1,ch+1);
    }
```

运行结果：

请输入一个字符：t

输入的字符是 t，其 ASCII 码制是 116

该字符的前一个字符是 s，其 ASCII 码制是 115

该字符的后一个字符是 u，其 ASCII 码制是 117

（4）任意输入 3 个数存放在整型变量 a，b，c 中，输出表达式 $\dfrac{a}{bc}$，$\dfrac{ab}{c}$，$\dfrac{a}{2b}c$，a^2+bc 的值，要求如果是小数则输出小数点后两位小数。

分析：算术表达式的使用要区别数学上的运算符号，如 ＊ 、/和％。同时注意它们的运算优先级和结合性。

```
        #include<stdio.h>
        void main()
        {
        int a,b,c;
        printf("请输入 3 个数:");
        scanf("%d%d%d",&a,&b,&c);
        printf ("%.2f,%.2f,%.2f,%d",1.0＊a/(b＊c),1.0＊a＊b/c,1.0＊a＊c/(2＊
            b),a＊a+b＊c);
        }
```

运行结果：

请输入 3 个数：1　2　3

0.17，0.67，0.75，7

（5）编写程序实现功能：输入一个华氏温度（F），要求输出摄氏温度。公式为 C＝5/9(F－32)，结果取两位小数。

分析：本题主要考察算术运算符的使用，按照题目的意思可以定义两个实型变量，这里要注意数字 5 应该写成实型形式 5.0。

```
        #include<stdio.h>
        void main()
        {
        int  {
        float c;
        printf("请输入一个华氏温度:");
        scanf("%f",&f);
        c=5.0＊(f-32)/9;
```

```
printf("摄氏温度为:%5.2f",c);}
```

运行结果:

请输入一个华氏温度:41

摄氏温度为:5.00

(6) 定义 3 个变量 a，b，c，分别赋值为 7.5，2 和 3.6，输出表达式 a>b&&c>a||c>b 的值。

```
#include<stdio.h>
void main()
{
    float a,b,c;
    a=7.5;
    b=2;
    c=3.6;
    printf("%d",a>b&&c>a||c>b);
```

运行结果:1

【思考与练习】

(1) 分别说出下列每条语句的赋值:

```
int s,m=3,n=5,r,t;
float x=3.0,y;
t=n/m;
r=n%m;
y=n/m;
t=x*y-m/2;
x=x*2.0;
s=(m+n)/r;
y=--n;
```

(2) 输入并运行以下程序:

```
void main()
{int i=8,j=10,m,n;
    m=++i;n=j++;
printf("%d,%d,%d,%d\n",i,j,m,n);
}
```

分别作以下改动并运行:

1) 程序改为:

```
void main()
{int i=8,j=10;
printf("%d,%d\n",i++,j++);
}
```

2）在 1）的基础上，将 printf 语句改为：printf("%d,%d\n",++i,++j)；

3）再将 printf 语句改为：printf("%d,%d,%d,%d\n",i,j,i++,j++)；

4）程序改为：

```
void main()
  {int i=8,j=10,m=0,n=0;
  m+=i++;n-=--j;
  printf("i=%d,j=%d,m=%d,n=%d\n",i,j,m,n);
  }
```

（3）编写一个 C 程序，输入两个数字，并计算它们的平方和、平方差、完全平方和与完全平方差的值。

（4）编写程序输入两个整型变量 a、b 的值，输出下列算式以及运算结果。

a＋b、a－b、a＊b、a/b、(float)a/b、a%b

（5）编写程序实现功能：输入圆柱体的半径和高，求圆柱体的体积。

（6）编写一个程序，将输入值作为浮点数（实数）。这个数字的单位是厘米。打印出对应的以英尺（浮点类型，1 个小数位）和英寸（浮点类型，1 个小数位）为单位的数，英尺数和英寸数均保留一个小数位的精度。

假设一英寸等于 25.4 厘米，一英尺等于 12 英寸。

如果输入的值为 333.3，输出的格式将是：

333.3 厘米等于 10.9 英寸

333.33 厘米等于 131.2 英寸

实验 3 选择结构程序设计

【实验目的】

（1）了解 C 语言表示逻辑量的方法。

（2）学会正确使用逻辑运算符和逻辑表达式。

（3）熟练掌握 if 语句和 switch 语句。

【实验准备】

（1）了解逻辑运算符和关系运算符的使用。

（2）明确在什么条件下可以使用分支结构。

（3）熟悉 switch 的定义及使用方法。

【实验步骤】

（1）编辑源程序。

（2）对源程序进行编译并调试程序。

（3）连接并运行程序。

（4）检查输出结果是否正确。

【实验内容】

（1）下面程序根据以下函数关系，对输入的每个 x 值，计算出 y 值，请在（　　）内填空。

x	y
2＜x＜＝10	x（x＋2）
−1＜x＜=2	1/x
x＜=−1	x−1

分析：本题主要是训练学生使用 if…else…多分支结构来解决分支函数问题。使用逻辑运算符和关系运算符准确表达 x 的范围。

```
#include<stdio. h>
void main()
{
int x,y;
scanf("%d",&x);
if(____)y=x*(x+2);
else if(____)y=1/x;
else if(x<=−1)y=x−1;
else ____;
if(y! =−1)printf("%d",y);
else printf("error");
}
```

(2) 所谓水仙花数是指一个 3 位数，其各位数字的立方和等于该数本身。编程实现，从键盘上输入一个 3 位的正整数 m，输出 m 是否为水仙花数？

分析：本题主要是训练学生在原有数字上按数位分离，并在会求其立方和的基础上，通过使用 if else 语句来对一个数进行是否为水仙花数的判定。

```
#include#<stdio. h>
void main()
{
int m,a,b,c;
printf("请输入一个3位的正整数:");
scanf("%d",&m);
a=_____;
b=_____;
c=____;
if(_____)
    printf("%d是水仙花数\n",m);
else
    printf("%d不是水仙花数\n",m);
```

```
            }
```
运行结果：

请输入一个三位的正整数：153

153 是水仙花数

（3）用 if 语句和 switch 语句分别编写程序，实现从键盘输入数字 1、2、3、4，分别显示 excellent、good、pass、fail。输入其他字符时显示 error。

分析：在解决多分支的情况下可以使用两种形式：if 语句和 switch 语句。其中注意关系表达式＝＝的使用以及 case 后面常量与 switch 后面的表达式的匹配关系。

方法一：使用 if

```
#include<stdio. h>
void main()
{
int x;
printf("请输入一个 1～4 的整数:");
scanf("%d",&x);
if(_____)printf("excellent");
else if(_____)printf("good");
else if(_____)printf("pass");
else if(_____)printf("fail");
else printf("error");
}
```

方法二：使用 switch

```
#include<stdio. h>
void main()
{
int x;
printf("请输入一个 1～4 的整数:");
scanf("%d",&x);
switch(___)
{
    case 1:printf("excellent");break;
    case 2:printf("good");break;
    case 3:printf("pass");break;
    case 4:printf("fail");break;
    ____:printf("error");
}
}
```

运行结果：

请输入一个 1~4 的整数：2

good

（4）铁路客运规定：随同成人乘车的小孩，当身高低于 110 厘米时，免票；不低于 110 厘米也不高于 150 厘米时，购半票；高于 150 厘米时，购全票。编程实现，输入小孩的身高（单位为厘米），输出关于该小孩的购票类别（免票，半票，全票）。

　　分析：本题是训练学生用 if…else…if 结构来处理现实生活中的分类讨论事例。这个事例具体分成 3 个互斥的分类：①低于 110 厘米；②不低于 110 厘米也不高于 150 厘米；③高于 150 厘米。而分成三类的分别处理正好用 if else if 语句来实现。

```
#include<stdio. h>
void main()
{
int t;
printf("请输入小孩的身高(以厘米为单位):");
scanf("%d",&t);
if(t<110)
    printf("免票\n");
else if(t<=150)
    printf("半票\n");
else
    printf("全票");
}
```

运行结果：

请输入小孩的身高（以厘米为单位）：105

免票

（5）键盘上输入整系数一元二次方程的系数，编程输出该方程的实数根，若判别式小于 0，则输出无实根。

　　分析：本题主要是训练学生，学会用 if else 语句来处理现实中，要根据一个条件的成立与否，来相应安排两种对立的不同操作。

```
#include<stdio. h>
#include<math. h>
void main()
{
float a,b,c,x1,x2,d,q,u,v;
printf("请输入二次项,一次项,常数项各系数:");
scanf("%f%f%f",&a,&b,&c);
d=b*b-4*a*c;
if(d<0)
    printf("无实根!");
```

```
else
    {
    q=sqrt(d);
    u=-b/(2*a);
    v=q/(2*a);
    x1=u+v;
    X2=u-v;
    printf("x1=%.2f,x2=%.2f\n",x1,x2);
    }
    }
```

运行结果：

请输入二次项，一次项，常数项各系数：1 -2 1

$$x1=1.00, \quad x2=1.00$$

（6）试编写一段程序：输入 3 个数，将其按由大到小顺序输出。

分析：对 3 个数字进行排序可以使用三个独立的 if 语句执行，实现两两比较，将大数进行交换使得大数放在前面的变量中。

```
#include<stdio.h>
void main()
{
float n1,n2,n3,t;
printf("请输入 3 个数:");
scanf("%f%f%f",&n1,&n2,&n3);
if(n1<n2)
{
    t=n1;n1=n2;n2=t;
}
if(n1<n3)
    {
    t=n1;n1=n3;n3=t;
    }
if(n2<n3)
    {
    t=n2;n2=n3;n3=t;
    }
printf("3 个数由大到小排序为:%f%f%f",n1,n2,n3);
    }
```

运行结果：

请输入 3 个数：3 7 2

3 个数由大到小排序为：7　3　2

（7）编程实现，从键盘上输入一公元年号，输出该公元年号是否是闰年。

分析：训练学生用模运算、关系运算与逻辑运算结合 if else 语句来判定某年是否是闰年。

```
#include<stdio.h>
void main()
{
int year;
printf("请输入公元年号");
scanf("%d",& year);
if((year%400==0)||(year%100! =0&&year%4==0))
    printf("%d 是闰年\n",year);
else
    printf("%d 不是闰年\n",year);
}
```

运行结果：

请输入公元年号：2010
　　　　　　　2010 不是闰年

（8）编程实现，从键盘上输入 3 个大于零的数，首先检查能否作为三角形的三条边（即检查任意两边之和大于第三边），能则输出用海伦公式计算而得的面积，否则输出"不能构成三角形"的信息。

分析：本题意在启迪学生使用算术运算、关系运算、逻辑运算的知识，来把抽象的"任意两边之和大于第三边"的数学语言，转化成正确的 C 语言表达式，并用 if…else… 语句来分类处理其有解与否。

```
#include<stdio.h>
#include<math.h>
void main()
{
int a,b,c;
float p,s;
printf("请输入三角形的三边长:");
scanf("%d%d%d",&a,&b,&c);
if(a+b>c&&a+c>b&&c+b>a)
    {
    p=(+b+c)/2.0;
    s=sqrt(p*(p-a)*(p-b)*(p-c));
    printf("三角形的面积为%.2f\n",s);
    }
```

```
    else
        printf("三边不能构成三角形！\n");
    }
```

运行结果：

请输入三角形的三边长：3　4　5

三角形的面积为 6.00

【思考与练习】

（1）♯include♯＜stdio.h＞

　　void main（）

　　{

　　int x＝1，y＝2，z＝3；

　　if（x＞y）

　　printf（"%d"，y＜x? 1：2）；

　　else

　　printf（"%d"，z＜x? 2：3）；}

程序的运行结果：_____

（2）试编写一段程序：输入 3 个数，找出其中最大数。

（3）任意输入一个数，如果是 7 和 11 的倍数，就输出该数，否则输出"错误"。

（4）现在是网络信息时代，很多市民通过电话上网。目前南京电信局的上网收费和付费方式分以下几类（以月为单位）：

1）包月服务：小于 30 小时，60 元/月；超过 30 小时的部分按 5 分/分钟累计（包括电话费），每月随电话费收费。

2）990 用户：10 分/分钟（包括电话费），每月随电话费收费。

3）169 用户：上网信息费 7 分/分钟，电话费 21 分/3 分钟（不足 3 分钟按 3 分钟计），每月到电信局以现金方式缴费或用卡付费。由键盘输入用户类别和上网时间，输出应付费用及相应的付费方式。

实 验 4　循 环 结 构 程 序 设 计

【实验目的】

（1）熟悉 while 语句，do－while 语句和 for 语句，掌握用这些语句实现循环的方法。

（2）掌握穷举算法和迭代算法的程序设计。

（3）掌握 break 和 continue 语句功能。

【实验准备】

（1）掌握关系表达式和逻辑表达式的使用。

（2）了解几种实现循环结构程序设计的方法、特点、适用条件。

（3）掌握如何正确地控制计数型循环结构的次数。

（4）掌握如何设置循环结构中的循环条件，了解它在程序设计中的意义。

【实验步骤】

（1）编辑源程序。

（2）对源程序进行编译并调试程序。

（3）连接并运行程序。

（4）检查输出结果是否正确。

【实验内容】

（1）输入并调试运行以下程序。

分析： ①while 是先判断条件再执行语句，是"当"型循环，即条件成立循环执行，条件不成立循环立即终止；②for 循环是一种功能强大、形式多样的循环结构形式，在其循环体内可以根据需要添加各种语句以完成不同的功能。

1）
```
#include<stdio. h>
void main()
{ int num=0;
   while(num++<=2)
   printf("%d\n",num);
}
```

2）
```
#include<stdio. h>
void main()
{ int i;
for(i=1;i<=5;++i)
{if(i%2)
printf(" * ");
else
   continue;
printf(" # ");
}
printf("MYM");
}
```

（2）程序填空（完善程序）。

1）为输出如下图形，请在程序中的下划线处填入合适的内容。

```
          *
        *  *
      *  *  *
    *  *  *  *
  *  *  *  *  *
```

分析： 打印如上的图形，用循环的嵌套很容易实现，但要做好相关控制工作，否则就很难打印出如上所示的效果，所以下面需要填空之处实际上就是完成控制工作的关键之处。

```
#include<stdio. h>
```

```
void   main()
{int i,j;
for(i=0;i<4;++i)
{
for(j=0;j<__①__;j++)
  printf ("    ");
for (j=0; j<__②__; j++)
  printf ("  * ");
printf (" \ n");
}
for (i=0; i<3; ++i)
{
for (j=0; j<=i; j++)
  printf ("    ");
for (j=0; j<4-i; j++)
  printf ("* ");
printf (" \ n");
}
}
```

2）下面程序的功能是求 500 以内的所有完全数，请填空 ［说明：一个数如果恰好等于它的因子（自身除外）之和，则称该数为完全数，如 6＝1＋2＋3，则 6 是完全数］。

分析：这个程序的关键之处就要找到每个数的每个因子，并且求出因子之和，然后才能判定是否是完全数，而这样的问题用循环的嵌套比较合适，其中外层循环用于选 500 以内的每个数：内层循环用于取每个数的因子并求出因子的和。

```
# include   <stdio. h>
void main()
{ int i,sum,a=2;
do
{ i=1;sum=0;
do
{if(a%i==0) __③__
i++;}while(i<=a/2);
if(sum==a)printf("%d", __④__ );
a++;
}while(a<500);
}
```

（3）上机调试下列的程序段，并非死循环的是_____。

1）# include<stdio. h>

```
void main()
{int i=100;
while(1)
{ i=i%100+1;
if (i>=100)break;
}
}
```

2)
```
#include<stdio. h>
void main()
{
int k=0;
do
{++k;
}while(k>=100);
}
```

(4) 换零钱。把 1 元钱全兑换成硬币，有多少种兑换方法？

分析：设 1 元钱为 100 分，设 i 为 5 分硬币数目，j 为 2 分硬币数目，k 为兑换方法数，此例主要采用枚举法。

```
#include<stdio. h>
void main()
{ int i,j,k,n;
n=100,k=0;
for(i=0;i<=n/5;i++)
  for(j=0;j<=(n-i*5)/2;j++)
    { printf("5 cent=%d\t 2 cent=%d\t 1 cent=%d\n",i,j. n—i* 5—j*2);
      k++;
    }
printf("total times=%d\n",k);
}
```

(5) 穿越沙漠。用一辆吉普车穿越 1000 公里的沙漠。吉普车的总装油量为 500 加仑，耗油量为 1 加仑/公里。由于沙漠中没有油库，必须先用车在沙漠中建立临时加油站，该吉普车要以最少的油耗穿越沙漠，应在什么地方建立临时油库，以及在什么地方安放多少油最好？

分析：可以从终点开始分别间隔 500，500/3，500/5，500/7，……（公里）设立贮油点，直到总距离超过 1000 公里。每个贮油量为 500，1000，1500，……。由模型知道此问题只需通过累加算法就能解决。

```
#include<stdio. h>
void main()
```

```
｛int k＝1；
    float station,distation,total；
    station＝distation＝total＝500.0；
    while(distation＜＝1000.0)
    ｛printf("station(％d)＝％9.4f oil's total(％d)＝％10.4f\n",
            k,station,k,total)；
    total＝500.0＊＋＋k；
    station＝500.0/(2＊k－1)；
    diststion＋＝station；
    distation－＝station；
    station＝1000.0－distation；
    printf ("station(％d)＝％9.4f oil's total(％d)＝％10.4f\n",
            k,station,k,(k－1)＊500.0＋(2＊k－1)＊ station)；
    ｝
```

【思考与练习】

(1) 编写程序，用穷举算法解百马百担问题（有 100 匹马驮 100 担货，大马驮 3 担，中马驮 2 担，两匹小马驮 1 担，问有大、中、小马各多少）。要求：

1) 输出计算结果：在数据输出之前应有提示信息；

2) 源程序以 ex43.c 存盘。

(2) 编写程序，用牛顿迭代法计算由键盘输入的自变量 x 的平方根。要求如下：

1) 迭代公式为：$y＝(y＋x/y)＊0.5$；计算精度要求为 e＝1E－6；

2) 输出迭代次数和计算结果；在数据输入和输出之前应有提示信息；

3) 以 2，3，5，7，9，12 为自变量值，记录计算结果；

4) 源程序以 ex44.c 存盘。

(3) 编写程序，用公式 $\pi/4 \approx 1－1/3＋1/5－1/7＋\cdots$ 求 π 的近似值，具体要求如下：

1) 计算精度要求从键盘输入；

2) 数据输入和输出之前应有提示信息；

3) 以 ε＝1E－2、1E－3、1E－4、1E－5、1E－6、1E－7 进行计算，记录计算结果；

4) 源程序以 ex45.c 存盘。

(4) 编写程序，打印九九乘法表。要求如下：

1) 用 for 循环完成该程序；

2) 打印形状为直角三角形；

3) 编写的程序以 ex46.c 存盘。

(5) 编程，输入两个正整数，求它们的最大公约数和最小公倍数（要求分别用 while 和 do－while 语句）。

(6) 编写程序，输入一行字符，分别统计出其中的英文字母、空格、数字和其他字符的个数。

（7）编写程序，求 $s = \sum_{n=1}^{20} n!$ 。

（8）编写程序，找出 1～100 之间的全部"同构数"。所谓"同构数"是指这样的数，它出现在它的平方数的右端。如：6 的平方是 36，6 出现在 36 的右端，6 就是一个同构数。

（9）编写程序，输出由 1，2，3，4 四个数字组成的 4 位数，并统计其个数（允许该 4 位数中有相同的数字，例如：1111，1122，1212 等）。

（10）编写程序，打印输出以下图案：

```
        *
      * * *
    * * * * *
  * * * * * * *
    * * * * *
      * * *
        *
```

实验 5　数　　组

【实验目的】

（1）熟练掌握数组的定义、引用、赋值和输入与输出方法。

（2）熟练掌握字符数组，以及字符函数的使用。

（3）熟练掌握利用循环结构处理数组。

（4）学习与数组相关常见的算法，如查找、排序等。

【实验准备】

（1）了解一维数组、二维数组、字符数组。

（2）明确在什么条件下使用数组变量。

（3）熟悉数组与循环的连用。

【实验步骤】

（1）编辑源程序。

（2）对源程序进行编译并调试程序。

（3）连接并运行程序。

（4）检查输出结果是否正确。

【实验内容】

（1）阅读下列程序，判断横线处的语句是否有错误，若有错误该如何修改。

分析： 输入一个三行三列的矩阵个元素的值，然后求出其对角线上元素之和并输出。调试改正程序中的错误，使其能够得到正确结果。

```
#include<stdio.h>
void main()
```

```
{
    int a[3][3],sum;
    int i,j;
    sum=0;
    for(i=0;i<3;i++)
    {
        for(j=0;j~3;j++)
        scanf("%d",a[i][j]);              /* 此处应该为地址 */
    }
    for(j=0;j<3;j++)
    sum=sum+a[i][i]+a[i][3-i];/* 此处应该让循环变量作为数组下标,注意
                                            下标的取值范围 */
}
```

（2）下列程序使其可以实现将 10 个数按由小到大（升序）排序。请把程序补充完整。

分析：采用选择排序法的思想：①从 n 个数中选择最小的一个，把它和第一个数组元素交换；②从剩下的 n−1 个数中选择最小的一个，把它和第二个数组元素交换；③依此类推，直到从最后两个元素中选出倒数第二小的元素，并把它和倒数第二个元素交换为止。

```
#include<stdio.h>
void main(void)
{
    int i,j,k;
    float math[10],temp;
    printf("please enter:");
    for(i=0;i<10;i++)
        scanf("%f",&math[i]);
    for(i=0;i<9;i++)
    {
    k=_____;                    /* 假设下标为 i 的数最小 */
    for(j=_____;j<10;j++)       /* 从假设的数后面查找 */
    {
        if(math[k]>_____)       /* 若找到了比假设的数小的数 */
        k=j;
    }
    if(k_____i)                 /* 假设的最小位置不成立 */
    {
    temp=math[i];
    math[i]=_____;              /* 把找到的最小数和位于此趟位置上数交换 */
```

```
        math[k]=temp;
        }
      }
    for(i=0;i<10;i++)
        printf("%5.1f",math[i]);
    }
```

（3）编写程序，由键盘输入 100 个学生成绩，分别统计各分数段的百分比。

分析：先统计每个 10 分数段的人数，再除 100 算数比分比。

```
  #include#<stdio.h>
  void main(void)
  {
    int i,score[100];
    int Anum=0,Bnum=0,Cnum=0,Dnum=0,Enum=0;
    printf("please enter 100 data:");
    for(i=0;i<100;i++)
    {
    scanf("%d",&score[i]);
    }
    for(i=0;i<100,i++)
    {
      if(score[i]>=90)
        Anum++;
      else if(score[i]>=80)
        Bnum++;
      else if(score[i]>=70)
        Cnum++;
      else if(score[i]>=60)
        Dnum++;
      else
        Enum++;
    }
    printf("优的百分比:%f",Anum/(float)100);
    printf("良的百分比:%f",Bnum/(float)100);
    printf("中的百分比:%f",Cnum/(float)100);
    printf("及格的百分比:%f",Dnum/(float)100);
    printf("不及格的百分比:%f",Enum/(float)100);
  }
```

（4）编写程序，由键盘任意输入一串字符，判断其是否为回文。回文是首尾对称相等的字符串，如：abcdcba 是回文。

分析：利用 strlen 求字符串长度的函数求出字符数组的长度 iStrLen，判断是否回文依次让下标为 0 和 iStrLen−1 的字符比较，如果相等再比较下一对下标为 1 和 iStrLen−2 的字符，……，依次比较直到下标为 iStrLen/2−1 和 iStrLen/2 的元素是否相等。

```
#include<stdio. h>
#include<string. h>
void main()
{
    char szStr[80];
    int i,iStrLen;
    gets(szStr);
    iStrLen=strlen(szStr);
    for(i=0;i<iStrLen/2;i++)
    {
        if(szStr[i]! =szStr[iStrLen−1−i])
        {
            break;
        }
    }
    if(i>=iStrLen/2)
        printf("字符串%s 是回文\n",szStr);
    else
        printf("字符串%s 不是回文\n",szStr);
}
```

（5）编写程序，验证下列矩阵是否为魔方阵。魔方阵是每一行、每一列、每一对角线上的元素之和都是相等的矩阵。

$$
\begin{array}{ccccc}
17 & 24 & 1 & 8 & 15 \\
23 & 5 & 7 & 14 & 16 \\
4 & 6 & 13 & 20 & 22 \\
10 & 12 & 19 & 21 & 3 \\
11 & 18 & 25 & 2 & 9
\end{array}
$$

分析：把 n 分为三类，这三类 n 构成的魔方阵的算法各不相同。

1）当 n 为奇数时，即 n=2*m+1 时，算法为：首先，把 1 填在第一行的正中间。其次，若数 k 填在第 i 行第 j 列的格子中，那么 k+1 应填在它的右上方，即 i−1，j+1；如果右上方没有格子，若 i=0，那么 kd+1 填在第 n 行第 j+1 列的格子中；若 j=n，那么 k+1 填在第 i−1 行第 1 列的格子中；若 i=1，j=n 或按上述方法找到的格子都已经填过了数，那么，数 k+1 填在第 k 个数的正下方。

2）当 n 为单偶数（阶数是偶数，但是，又不能被 4 整除时），即 n=2*(2*m+1)

时，算法为：采用田字镜射法．将 n 阶单偶幻方表示为 4m＋2 阶幻方。将其等分为四分，成为如下图所示 A、B、C、D 4 个 2m＋1 阶奇数幻方。

3）当 n 为双偶数时，即 n＝2＊2＊m 时，算法为：采用双向翻转法。

第一步：将数字按左右上下的顺序填入方阵中 1 到 n＊n；

第二步：将中央部分半数的行，所有数字左右翻转；

第三步：将中央部分半数的列，所有数字上下翻转。

```c
#include<stdio.h>
void main(void)
{
  int a[5][5]={{17,24,1,8,15},
               {23,5,7,14,16},
               {4,6,13,20,22},
               {10,12,19,21,3},
               {11,18,25,2,9}
               };
  int i,j,iSum,iTmp,iFlag;
  iSum=0;
  iTmp=0;
  iFlag=0;
  for(i=0;i<5;i++)
  {
    iSum+=a[i][i];
    iTmp+=[i][4-i];
  }
  if(iSum==iTmp)
  {
    iFlag=1;
  }
  for(i=0;i<5;i++)
  {
    if(iFlag==0)
    {
      break;
    }
    iTmp=0;
    for(j=0;j<5;j++)
    {
      iTmp+=a[i][j];
```

```
          }
       if(iSum! =iTmp)
       {
          iFlag=0
       }
    }
    for(j=0;j<5;j++)
    {
       if(iFlag==0)
       {
          break;
       }
       iTmp=0;
       for(i=0;i<5;i++)
       {
          iTmp+=a[i][j];
       }
       if(iSum! =iTmp)
       {
          iFlag=0;
       }
    }
    for(i=0;i<5;i++)
    {
       for(j=0;j<5;j++)
          printf("%4d",a[i][j]);
       printf("\n");
    }
    if(iFlag==1)
       printf("是魔方阵,行列及对角线之和是%d\n",iSum);
    else
       printf("不是魔方阵! \n");
}
```

（6）编写程序，由键盘任意输入一串字符，再输入一个字符，统计这个字符在这串字符中的出现次数。

分析：字符串的结束标识符为'\0'。

```
#include<stdio. h>
#include<string. h>
```

```
void main( )
{
    char szStr[80],ch;
    int i,iNumofch;
    printf("输入一串字符:");
    gets(szStr);
    printf("输入统计的字符:");
      ch=getchar();
      iNumofch=0;
      for(i=0;szStr[i]! ='\0';i++)
        {
        if(szStr[i]==ch)
          {
              iNumofch++;
          }
        }
    printf("在字符串中有%d 个%c\n",iNumofch,ch);
}
```

【思考与练习】

（1）编写程序，利用随机函数产生 100 个整数，分别统计其中的奇数和偶数的个数。

（2）编写程序，由键盘任意输入一串字符串，再输入一个字符和一个位置，将此字符插入在此串字符的这个位置上。如：原串为 abcdef，插入字符为 k，位置为 3，新串为 abkcdef。

（3）若有宏定义

$\sharp$define max(a,b)　　((a)>(b))? (a)>(b)

下面的表达式将扩展成什么？

max(a,max(b,max(c,d)))

（4）定义一个宏，将大写字母变成小写字母。

实验 6　函　　数

【实验目的】

（1）掌握函数的定义、声明和调用的方法。

（2）掌握函数之间参数传递的各种方式。

（3）熟悉递归函数的使用。

（4）熟悉局部变量和全局变量、静态变量和动态变量的概念和使用方法。

（5）理解宏、文件包含的概念，并学习使用编译预处理。

【实验准备】

（1）函数的定义、声明和调用。

（2）函数调用中数据的传递。

（3）变量的生存期和有效期。

（4）编译预处理及其使用。

【实验步骤】

（1）编辑源程序。

（2）对源程序进行编译并调试程序。

（3）连接并运行程序。

（4）检查输出结果是否正确。

【实验内容】

（1）阅读下列程序，判断横线处的语句是否有错误，若有错误该如何修改。

分析：函数的类型应和返回值的类型保持一致；注意函数类型标识符的正确书写。

```c
#include<stdio.h>
void fun(int n)
{ int a,b,c,k;double s;
  s=0.0;a=2;b=1;
  for(k=1;k<=n;k++)
  {
  s=s+(double)a/b;
  c=a;a=a+b;b=c;
  }
    return s;
  }
void main( )
  {int n=5;
    printf("\nThe value of function is：%lf\n", fun(n));
  }
```

（2）程序填空。

分析：从字符串 s 的尾部开始，按逆序把相邻两个字符交换位置，并依次把每个字符紧随其后重复出现一次，结果存放在字符串 t 中，请在横线上填上适当的内容以实现其功能。

```c
#include<stdio.h>
#include<string.h>
void main()
{
  char s[100],t[100];
  int i,j,s1;
  printf("\nprease enter string s:");
  scanf("%s",_____);/* 此处是输入字符串,所以该处可填 s 或 &s[0] */
```

33

```
    s1=_____;                /*此处是将字符串 s 的长度赋给 s1,所以该处填 strlen(s) */
    for(i=s1-1,j=0;i>=0;i-=2)
    {
        if(i-1>=0)
            t[j++]=s[i-1];
        if(i-1>=0)
            t[j++]=s[i-1];
            t[j++]=s[i];
            t[j++]=s[i];
    }
        _____;                /*此处应为字符串 t 加一个结束标识符,可填:t[j]='\0'
                                 或 t[j]=0 */
    printf("the result is:%s\n",t);
}
```

（3）用函数求 $\cos x = 1 - \dfrac{x^2}{2!} + \dfrac{x^4}{4!} - \dfrac{x^6}{6!} + \cdots$ 的值，要求精度为 $1E-6$。在主函数中求 $(\cos 30° + \cos 60°)^2$

分析： 此余弦表达式的项从第二项开始，后一项与前一项都满足分子都为 x^2，分母为 $i*(i-1)$ 的关系，步长为 2。

```
    #include<stdio.h>
    #include<math.h>
    float fCos(float,float);
    void main(void)
    {
    float fValue,fEps;
    printf("输入 Cos 的精度:");
    scanf("%f",&fEps);
     fValue=fCos((float)(30 * 3.1415926/180),fEps)+fCos((float)(60 *
3.1415926/180),fEps);
    fValue *=fValue;
    printf("cos(30)+cos(60)的平方=%f\n",fValue);
    }
    float fCos(float x,float eps)
    {
    float fValue;
    float t;
    int i,iSign;
    fValue=0;
```

```
    t=1;
    i=2;
    iSign=1;
    while(t>eps||t<-eps)
    {
      fValue+=iSign*t;
      iSign=-iSign;
      t*=x*x/(i*(i-1));
      i+=2;
    }
    return fValue;
}
```

（4）设计一个函数，求任意 n 个整数的最大数，并在主函数中输入 10 个整数，调用此函数。

分析：假设数组中第一个数最大，在依次输入后 9 个数，分别与保存最大数的变量比较大小。

```
#include<stdio.h>
int GetMax(int * ,int);
void main(void)
{
  int a[10],i,iMax;
  for(i=0;i<10;i++)
  {
    scanf("%d",a+i);
  }
  iMax=GetMax(a,10);
  printf("最大值=%d\n",iMax);
}
int GetMax(int p[],int n)
{
  int iMax,i;
  iMax=p[0];
  for(i=1;i<n;i++)
  {
    if(p[i]>iMax)
    {
      iMax=p[i];
    }
```

```
        }
      return iMax;
    }
```

（5）设计一个函数，对任意 n 个字符串排序，并在主函数中输入 10 个字符串，调用此函数。

分析：此算法思想与上题相似，注意字符串的比较和赋值和变量的比较与赋值使用不同。

```
    #include<stdio. h>
    #include<string. h>
    void SortStr(char psz[][20],int n);
    void main()
    {
      char szStr[10][20];
      int i;
      for(i=0;i<10;i++)
      {
        gets(szStr[i]);
      }
      SortStr(szStr,10);
      for(i=0;i<10;i++)
      {
        puts(szStr[i]);
      }
    }
    void SortStr(char psz[][20],int n)
    {
      int i,j;
      char szTemp[20];
      for(i=0;i<n-1;i++)
      {
        for(j=i+1;j<n;j++)
        {
          if (strcmp(psz[i],psz[j])>0)
          {
            strcpy(szTemp,psz[i]);
            strcpy(psz[i],psz[j]);
            strcpy(psz[j],szTemp);
          }
```

```
        }
      }
    }
```

（6）设计一个程序。假设输入的字符串中只包含字母和＊号。请编写函数 fun()，它的功能是：删除字符串中的所有＊号。在编写函数时，不得使用 C 语言中提供的字符串函数。

分析：要删除多余字符（'＊'），可以用循环从字符串的开始一个一个地进行比较，若不是要删除的字符则将其留下，即 if(a[i]! ='＊')；这里下标标量要从 0 开始，最后要加上字符串结束符'\0'。

```
#include<stdio.h>
#include<string.h>
void fun(char a[ ])
{
  int i,j=0;
  for(i=0;a[i]! ='\0';i++)
    if(a[i]! ='＊')
      a[j++]=a[i];
      a[j]='\0';
}
void main()
{
  char s[81];
  printf("please enter a sirng:\n");
  gets(s);
  fun(s);
  printf("the string after deleted:\n");
  puts(s);
}
```

【思考与练习】

（1）编写函数求如下级数，在主函数中输入下式，并输出结果。

$$a=1+\frac{1}{1+2}+\frac{1}{1+2+3}+\cdots+\frac{1}{1+2+3+\cdots+n}$$

（2）设计一个函数，求任意 n 个整数的最大数的位置，并在主函数中输入 10 个整数，调用此函数。

（3）设计一个函数，分别统计任意一串字符中 26 个字母的个数，并在主函数中调用此函数。

（4）设计一个函数，将任意一个十六进制数据字符串转换为十进制数据，并在主函数中调用此函数。

实验7　指　　针

【实验目的】

(1) 掌握指针的定义及使用方法。

(2) 理解指针可以指向的数据类型。

(3) 掌握指针与数组，指针与函数之间的关系。

【实验准备】

(1) 了解指针与地址之间的关系。

(2) 明确在什么条件下可以使用指针变量。

(3) 熟悉指针的定义及使用方法。

(4) 明确数组和函数的地址表示方法。

【实验步骤】

(1) 编辑源程序。

(2) 对源程序进行编译并调试程序。

(3) 连接并运行程序。

(4) 检查输出结果是否正确。

【实验内容】

(1) 阅读下列程序，判断横线处的语句是否有错误，若有错误该如何修改。

分析： 指针是直接指向内存空间的变量，定义和使用步骤非常重要，一定要先定义，再赋值，再使用，否则将会引起内存错误。

```
＃include＃ ＜stdio. h＞
void main()
{
    int a,b, * p, * q;
    p＝&a;
    * p＝10
    b＝2;
    printf("%d,%d,%d,%d",a,b, * p, * q);    / * 判断此处有语法错误还是逻辑
                                                错误 * /
}
```

(2) 下列程序为了完成矩阵转置，请把程序补充完整。

分析： 首先考虑应该定义一个什么样的指针可以访问数组里的元素，其次，转置的位置应该以对角线为轴进行考虑。

```
＃include＃ ＜stdio. h＞
void chang(int a[3][3])
{
    int i,j,temp;
```

```
    int _____;                    /*思考,应该定义一个什么类型的指针*/
    p＝a;
    for(i=0;i<3;i++)
    for(j=_____;j<3;j++) /*思考,要做转置,列的起始位置应该在哪里*/
    {
        Temp＝_____;              /*思考,如何通过指针变量访问数组里的元素*/
        _____＝_____;
        _____＝temp;
    }
    }
    void main()
    {
        int a[3][3];
        Int i,j;
        for(i=0;i<3;i++)
        for(j=0;j<3;j++)
        scanf("%d",&a[i][j]);
        chang(a);
    }
```

(3) 用指针访问数字元素输入两个字符串 a 和 b,编写程序实现 strcmp 函数同样的功能,即 a<b 时输出一个负数,a＝b 时输出 o,a>b 时输出一个正数。

分析：strcmp 函数的功能是,两个字符串从下标为 0 的元素依次进行比较,直到遇到第一个不相同的字符的时候,哪个字符串中不相同的字符的 ASCII 码值大,该字符串即为较大字符串,输出一个正数量。

```
    #include#<stdio.h>
    #include#<string.h>
    int com(char sl[ ],char s2[ ])
    {
        char * p1, * p2;
        for(p1=s1,p2=s2;p1! ＝'\0'&&p2! ＝'\0';p1++,p2++)
        {
            if( * p1> * p2)
            {
                return 1;
                break;
            }
            else if( * p1＝＝ * p2)continue;
            else
```

```
        {
            return－1;
            break;
        }
    }
    if(strlen(s1)＝＝strlen(s2))
        return 0;
    else if(p1！＝'\0')
        return 1;
    else return－1;
}
int main()
{
    char a[20],b[20];
    while(1)
    {
    gets(a);
    gets(b);
    printf("%d\n",com(a,b));
    }
    return 0;
}
```

运行结果：

从键盘上输入：asd

　　　　　　asff

输出结果为：－1

从键盘上输入：asff

　　　　　　asd

输出结果为：1

从键盘上输入：asd

　　　　　　asd

输出结果为：0

（4）根据上题内容，把两个字符串改成用 strcmp 函数进行比较，体会字符串函数的用法。

分析：C 语言函数库中提供字符串操作函数，可以直接使用字符串函数进行字符串比较，工作原理与上题相同。

```
#include＃＜stdio. h＞
int com(char * p1,char * p2)
```

```
{
    strcmp(p1,p2)>0 return 1;
    strcmp(p1,p2)<0 return-1;
    strcmp(p1,p2)==0 return 0;
}
void main()
{
    char a[20],b[20];
    while(1)
    {
    gets(a);
    gets(b);
    printf("%d\n",com(a,b));
    }
    return 0;
    }
```

运行结果：

从键盘上输入：asd

　　　　　　　asff

输出结果为：-1

从键盘上输入：asff

　　　　　　　asd

输出结果为：1

从键盘上输入：asd

　　　　　　　asd

输出结果为：0

（5）主函数中定义两个整型数据，和两个指向该数据的指针，由被调函数返回这两个数据中值较大的数据的地址，并在主函数中输出。

分析：如果被调函数返回较大数的地址，被调函数就应该被定义为一个能够返回地址的函数，也就是一个指针函数。

```
#include#<stdio. h>
int * fun(int * pt1,* pt2)
{int * pt;
    if( * pt1> * pt2)return pt1;
    else return pt2;
}
void main()
{ int a,b,* p1,* p2,* max;
```

```
        printf("请从键盘上输入两个正整数:");
        scanf("%d,%d",&a,&b);
        p1=&a;p2=&b;
        max=(p1,p2);
        printf("%d\n", * max);
    }
```

运行结果:

从键盘上输入: 6　3

输出结果为: 6

(6) 编写函数实现, 判断一个子字符串是否在某个给定的字符串中出现。

分析: 用子串与原字符串进行比较, 每次比较都到′\0′结束。

```
    #include<stdio. h>
    #include<string. h>
    int lsSubstring(char * str,char * substr)
    {int i,j,k,hum=0;
        for(i=0;str[i]! =′\0′&&num==0;i++)
        {for(j=i,k=0;substr[k]==str[j];k++,j++)
            if(substr[k+1]==′\0′)
            {num=1; break;}
        }
        return num;
    }
    void main()
    {   char string[81],sub[81];
        printf("enter first string:\n");
        gets(string);
        printf("enter seeond string:\n");
        gets(sub);
        printf("string %s is",sub);
        if(! IsSubstring(string,sub))
        printf("not");
        printf("substring of %s\n",string);
    }
```

运行结果:

从键盘上输入: hello! how are you!

　　　　　　　　　Hello

输出结果: substring of hello

(7) 编写程序, 用指针把一个 3 * 3 的矩阵里面的数据进行行列置换。

```
#include#<stdio.h>
void swap(int a[3][3])
{
    int i,j,t;
    int(*p)[3]=a;
    for(i=0;i<3;i++)
    for(j=0;j<3;j++)
    if((i+j)%==0)
    {t=*(*(p+i)+j);*(*(p+i)+j)=*(*(p+j)+i);*(*x(p+j)+i)=t;};
}
    void main()
    {
    Int a[3][3];
    int i,j;
    for(i=0;i<3;i++)
    for(j=0;<3;j++)
    scanf("%d",&a[i][j]);
    swap(a);
    for(i=0;i<3;i++)
    {for(j=0;j<3;j++)
    printf("%d",a[i][j]);
    printf("\n");
    }
```

运行结果：

从键盘上输入：1　2　3

　　　　　　4　5　6

　　　　　　7　8　9

输出结果：1　4　7

　　　　　2　5　8

　　　　　3　6　9

【思考与练习】

(1) 编写函数，对传递进来的两个整型量计算它们的和与积之后，通过参数返回。

(2) 编写函数实现，计算字符串的串长。

(3) 有 n 个人围成一圈，顺序排号。由用户从键盘输入报数的起始位置，从该人开始报数（计数从 0 开始），凡报数为 3 的倍数出圈。问最后剩下的是几号？

(4) 由一个整型二维数组，大小为 m×n，要求找出其中最大值所在的行和列，以及该最大值。请编一个函数 max，数组元素在 main 函数中输入，结果在函数 max 中输出。

实验 8　结 构 体 与 共 用 体

【实验目的】

（1）掌握结构体类型变量的定义和使用。

（2）掌握结构体类型数组的概念和应用。

（3）掌握链表的概念，初步学会对链表进行操作。

（4）掌握联合的概念与使用。

【实验准备】

（1）了解结构体和共用体之间有何区别。

（2）回顾冒泡排序的方法。

（3）熟悉指针的定义及使用方法。

（4）了解链表的基本概念及插入输出等常用操作方法。

【实验步骤】

（1）编辑源程序。

（2）对源程序进行编译并调试程序。

（3）连接并运行程序。

（4）检查输出结果是否正确。

【实验内容】

输入并调试运行程序，分析运行结果

1. typedef union ｛long x ［2］
   int y ［4］;
   char z ［8］;
   ｝ MYTYPE;
   MYTYPE them;
   void main （）
   ｛
   printf（"％d ＼ n"，sizeof（them））;
   ｝

2. ＃include＜stdio. h＞
   void main （）
   ｛struct date
   ｛int year，month，day;
   ｝ today;
   printf（"％d ＼ n"，sizeof（struct date））;
   ｝

3. void main()
   ｛

```
enum team{my,your=4,his,her=his+10};
printf("%d%d%d%d\n",my,your,his,her);
}
```

4. union data
```
{
int i[2];
float a;
long b;
char c[4];
};
void main()
{union data u;
scanf("%d,%d",&u.i[0],&u.i[1]);printf("i[0]=%d,i[iu]=%d\na=%f\nb
=%1d\nc[0]=%c,c[1]=%c,c[2]=%c,c[3]=%c\n",u.i[0],u.i[1],
u.a,u.b,u.c[0],u.c[1],u.c[2],u.c[3]);
}
```

程序运行后，输入两个整数 10000，20000 给 u.i［0］和 u.i［1］，分析运行结果。

【思考与练习】

（1）有 5 个学生，包括学生学号、姓名和 3 门课程成绩，编程要求：

1）能输出总分最高和最低学生的姓名。

2）能计算每个学生的总成绩、平均分，并输出

3）编写的程序以 ex81.c 存盘。

4）以下表为原始数据，进行调试运行，记录其结果。

Num name subject1 subject2 subject3

05160101　Yang HongXia　909296

05160202　Jlan BingHua　735480

05160303　Fan ZhiWei　857988

05160404　Lu Shong Chi　888592

05160505　Ling Xiao Miao　7662702

（2）建立一通讯录，具体要求：

1）建立如下通讯录结构：name［20］（姓名），sex（性别），birthday（出生日期），address［20］（联系地址），telephone［20］（联系电话），其中 birthday 本身为一结构，由 year，month，day 三个成员组成。

2）所有相关数据直接由主函数进行初始化。

3）编写一函数，完成通讯录按姓名进行的排序（升序）操作。

4）主函数调用排序函数，能输出指定姓名的相关数据。

5）任意给出 5 位同学的相关数据，调试运行，编写的程序以 ex82.c 存盘。

（3）编写程序，5 个学生，每个学生的数据包括学号、姓名、三门课的成绩，从键盘

输入 5 个学生数据，要求打印出三门课总平均成绩，以及最高分的学生的数据（包括学号、姓名、三门课的成绩、平均分数）。要求用一个 mput 函数输入 5 个学生数据；用一个 average 函数求总平均分；用 max 函数找出最高分学生数据；总平均分和最高分的学生的数据都在主函数中输出。

（4）编写程序，13 个人围成一圈，从第 1 个人开始顺序报号 1、2、3，凡报到"3"者退出圈子，找出最后留在圈子中的人原来的序号。

（5）编写程序，建立一个链表，每个结点包括：学号、姓名、性别、年龄。输入一个年龄，如果链表中的结点包含的年龄等于此年龄，则将此结点删去。

实验 9　文 件 与 位 运 算

【实验目的】

（1）了解文件的定义及使用方法。

（2）掌握文件的打开、关闭等基本操作。

（3）掌握位运算的基本操作。

【实验准备】

（1）了解文件的定义。

（2）明确文件指针的用法。

（3）熟悉文件的基本操作。

（4）了解位运算的基本运算方法。

【实验步骤】

（1）编辑源程序。

（2）对源程序进行编译并调试程序。

（3）连接并运行程序。

（4）检查输出结果是否正确。

【实验内容】

（1）编写程序，能读人文本文件 f1.c 和 f2.c 中的所有整数，并把这些数按从大到小的次序写到文本文件 f3.c，文件中的相邻两个整数都用空格隔开，每 10 个换行，文件 f1.c，f2.c 中的整数个数都不超过 2000。

分析：读 f1.c 文件和 f2.c 文件中整数，然后对文件的内容按照选择排序算法进行排序，最后将排序后的内容写入到 f3.c 文件中去。

```
#include<stdio.h>
#include<stdlib.h>
void main()
{
FILE * fp;
int a[2000],b[2000],c[4000],m,n,cn,i,j,t;
fp=fopen("f1.c","r");
```

```
   for(m=0;! feof(fp);m++)
       fscanf(fp,"%d",&a[m]);
   fclose(fp);
   fp=fopen("f2. c","r")
   for(n=0;! feof(fp);n++)
       fscanf(fp,"%d",&b[n]);
   fclose(fp);
   for(i=0;i<m−1;i++)
       for(j=i+1;j<m;j++)
       if(a[i]<a[j])
       {t=a[i];a[i]=a[j];a[j]=t;}
   for(i=0,i<n−1;i++)
       for(j=i+1;j<n;j++)
       if(a[i]<a[j])
       {t=a[i];a[i]=a[j];a[j]=t;}
   i=0;j=0;cn=0;
   while(i<m&&j<n)
   {if(a[i]<b[i])t=a[i++]};
       else if(a[i]>b[j])t=b[j++];
       else {t=a[i];i++;j++;}
       if(t! =c[cn−1])c[cn++]=t;
   }
   while(i<m)
   {if(a[i]! =c[cn−1])
       c[cn++]=a[i];
       i++;
       }
   while(j<n)
   {if(b[j]! =c[cn−1])
       c[cn++]=b[j];
       j++;
   }
   for(i=0;i<cn;i++)
       printf("%5d",c[i]);
   }
```

（2）有 5 个学生，每个学生有 3 门课的成绩，从键盘输入以上数据（包括学生号、姓名、三门课成绩），计算出平均成绩，将原有数据和计算出的平均分数存放在磁盘文件 stud 中。

分析：先打开磁盘文件，按要求计算成绩，把结果写入到磁盘文件 stud 中去，关闭文件。
程序设计如下：

```
＃include＃＜stdio. h＞
struct student
{ char num[10];
  char name[8];
  int score[3];
  float ave;
} stu[5];
void main ()
 { int i, j, sum;
  FILE * fp;
  for (i＝0; i＜5; i＋＋)
  { printf (" n input score of student%d：n", I+1);
    printf (" NO. :");
    scanf ("%s", stu [i] .num);
    printf (" name：");
    scanf ("%s", stu [i] .name);
    sum＝0;
    for (j＝0; j＜3; j＋＋)
    {  printf (" score%d：" j+1);
       scanf ("%d", &stu [i] .score [j]);
       sum＋＝stu [i] .score [j];
    }
    stu [i] .ave＝sum/3.0;
  }
  fp＝fopen (" stud"," w");
  for (i＝0; i＜5; i＋＋)
  if (fwrite (&stu [i], sizeof (struct student), 1, fp)! ＝1)
    printf (" File write errorn");
  fclose (fp);
  fp＝fopen (" stud"," r");
  for (i＝0; i＜5; i＋＋)
  { fread (&stu [i], slzeof (struct student), 1, fp);
    prmtf("%s,%s,%d,%d,%d,%6.2fn", stu [i]. num, stu [i]. name, stu [i] .
    score [0], stu [i] .score [1], stu [i] .score [2], stu [i] .ave);
  }
}
```

（3）将上题 stud 文件中的学生数据按平均分进行排序处理，并将已排序的学生数据存入一个新文件 stu＿sort 中。

分析：打开 stud 文件，建立 stu＿sort 文件，打开该文件，把文件内容写入到 stu＿sort 文件中去，进行排序，再关闭 stu＿sort 文件。

```
#include<stdio.h>
#define N 10
struct student
{char num[10];
  char name[8];
  int score[3];
  float ave;
}st[N],temp;
void main()
{
  FILE * fp;
  int i,j,n;
  if((fp=fopen("stud","r"))==NULL)
  {
    printf("can not open the file");
  exit(0);
  }
    printf("n file'stud':");
  for(i=0;fread(&st[i],sizef(struct student),1,fp)! =0;i++)
  {
    printf("n%8s%8s",st[i]. num,,st[i]. name);
  for(j=0;j<3;j++)
    printf("%8d",st[i]. score[j]);
    printf("%10. f",st[i]. ave);
    fclose(fp);
    n=i;
  for(i=0;i<n;i++)
  for(j=i+1;j<n;j++)
  if(st[i]. ave<st[j]. ave)
  { temp=st[i];
    st[i]=st[j];
    st[j]=temp;
  }
  printf("nnow:");
```

```
    fp＝fopen("stu－sort","w");
    for(i＝0;i＜n;i++)
    { fwrite(&st[i],sizeof(struct student),1,fp);
      printf("n%8s%8s",st[i]. num,st[i]. name);
    for(j＝0;j＜3;j++)
      printf("%8d",st[i]. score[j]);
      printf("%10. 2f",st[i]. ave);
    fclose(fp);
    }
```

（4）将上题以排序的学生成绩文件进行插入处理。插入一个学生的 3 门课成绩，程序先计算新插入学生的平均成绩，然后将它按平均成绩高低顺序插入，插入后建立一个新文件。

分析：打开 stu_sort 文件，插入学生 3 门课的成绩，按要求进行排序操作，然后建立一个新文件保存。

```
    ♯include＜stdio. h＞
    struct student
    {char num[10];
      char name[8];
      int score[3];
      float ave;
    }st[10],s;
    void main()
    {FILE ＊fP，＊fp1;
      int i,j,t,n;
      printf("n NO. :");
      scanf("%s",s. num);
      printf("name:");
      scanf("%s",s. name);
      printf("scorel,score2,score3:");
      scanf("%d,%d,%d",&S. score[0],&s. score[1],&s. score[2]);
      s. ave＝(s. score[0]＋s. score[0]＋s. score[2])/3. 0;
    if((fp＝fopen("stu_sort","r:))＝＝NULL)
    {prIntf("can not open nle. ");
    exit(0);
    }
    printf("original data:h");
    for(i＝0;fread(&st[i]. sizeof(struct student),1,fp)! ＝0;i++)
    {printf("n%8s%8s",st[i]. num,st[i]. name);
```

```
            for(j=0;j<3;j++)
                printf("%8d",st[i]. score[j]);
                printf("%10. 2f",st[i]. ave);
            }
            n=i;
            for(t=0;st[t]). ave>s. ave&&t<n;t++);
                printf("nnow:n");
                fp1=fopen("sort1. dat","w");
            for(i=p;j<t;i++)
            {fwrite(&st[i],sizeof(stuct student),1,fpl);
                print("n%8s%8s",st[i],num,st[i]. name);
            for(j=0;j<3;j++)
                ptintf("%8d",st[i]. score[j]);
                printf("%10. 2f:,st[i]. ave);
            }
        fwrite(&s,sizeof(struct student),1,fp1);
        printf("n%8s%7s%7d%7d%7d%10. 2f", s. Bum, s. name, s. score[0], s. score[1],
        s. score[2],s. ave);
            for(i=t;i<n;i++)
            {fwrite(&st[i],sizeof(struct student),1,fp1);
                printf("n%8s%8s",st[i]. num,st[i]. name);
            for(j=0;j<3;j++)
                printf("%8d",st[i]. score[j]);
                printf("10. 2f",st[i]. ave);
            fclose(fp);
            fclose(fp1);
            }
```

（5）编一个将十六进制数转换成二进制形式显示的程序。

分析：构造一个最高位为 1，其余各位为 0 的整数，输出最高位，将次高位移到最高位上，4 位一组分开。

```
        #include<stdio. h>
        void main()
        {
            int num,mask,i;
        printf("Input a hexadecimal number:");
        scanf("%x",&num);
        mask=1<<15;                    /* 构造 1 个最高位为 1、其余各位为 0 的整数（屏
                                        蔽字）*/
```

```
printf("%d=",num);
for(i=1;i<=16;i++)
{ putchar(num&mask?'1':'0');      /*输出最高位的值(1/0)*/
num<<=1;                          /*将次高位移到最高位上*/
if(i%4==0)putchar(',');           /*四位一组,用逗号分开*/
}
printf("\bB\n");
}
```

运行结果：

从键盘上输入：A

输出结果为：1010

(6) 从键盘读入 10 个浮点数，以二进制形式存入文件中。再从文件中读出数据显示在屏幕上。修改文件中第 4 个数据。再从文件中读出数据显示在屏幕上，以验证修改的正确性。

分析：打开需要写入的文件，把内容写入到文件中去，再从文件中读取，修改，显示；然后关闭文件。

```
#include<stdio.h>
void ctfb(FILE * fp)
{
    int i;
    float x;
    for(i=0;i<10;i++)
    { scanf("%f",&x);
        fwrite(&x,slzeof(float),1,fp);
    }
}
void fbtc(FILE * fp)
{
    float x;
    rewind(fp);
    fread(&x,sizeof(float),1,fp);
    while(! feof(fp))
    { printf("%f",x);
        fread(&x,sizeof(float),1,fp);
    }
}
void updata(FILE * fp,int n,float x)
{ fseek(fp,(long)(n-1)*sizeof(float),0);
```

```
        fwrite(&x,slzeof(float),1,fp);
    }
void main()
{ FILE * fp;
    int n=4;
    float x;
    if((fp=fopen("e:file. dat","wb+"))==NULL)
    { printf("can't open this file\n");
        exit(0);
    }
    ctfb(fp); fbtc(fp);
    scanf("%f",&x);
    updata(fp,n,x);
    fbtc(fp);
    fclose(fp);
}
```

【思考与练习】

（1）C 文件操作有些什么特点？什么是缓冲文件系统和缓冲区？

（2）什么是文件型指针、通过文件系统和文件缓冲区？

（3）对文件的打开与关闭的含义是什么？为什么要打开和关闭文件？

（4）把一个 ASCII 文件连接在另外一个 ASCII 文件之后。例如，把 c：\\ ex9 _ 1. txt 中的字符连接在 c：\\ ex9 _ 2. txt 中的之后。

（5）有一磁盘文件 emploee，内存放职工的数据。每个职工的数据包括：姓名、职工号、性别、年龄、住址、工资、健康状况、文化程度。要求将职工名和工资的信息单独抽出来另建一个简明的"职工工资文件"。

（6）从上题的"职工工资文件"中删去一个职工的数据，再存回原文件。

第 2 部分　《新编 C 语言程序设计教程》习题参考答案

第 1 章　C 语言程序设计概述

一、选择题

1. A　　2. C　　3. B　　4. B　　5. B

二、填空题

1. 函数、main()　　2. /＊、＊/　　3. scanf()、printf()　　4. Ctrl＋F5、ctrl＋F7、F7

三、阅读程序题

1. I am a boy。

我喜欢 C 语言!

2. a＋1 的值是 6，b＝5

3. －3 是一个负数。

四、编程题

1. ```
   #include＜stdio. h＞
   void main()
   {
       printf(" ＊＊＊＊＊＊＊＊＊＊＊＊＊＊＊＊＊＊＊\n");
       printf("I am a student! \n:);
       printf(" ＊＊＊＊＊＊＊＊＊＊＊＊＊＊＊＊＊＊＊\n");
   }
   ```

2. ```
   #include＜stdio. h＞
   void main()
   {
       int num1,num2,he,ch,ji;
       float sh;
       num1＝67;
       num2＝34;
       he＝num1＋num2;
       ch＝num1－num2;
       ji＝num1 ＊ num2;
       sh＝num1/num2;
   ```

```
    printf("%d 和%d 的和是%d\n",num1,num2,he);
    printf("%d 和%d 的差是%d\n",num1,num2,ch);
    printf("%d 和%d 的积是%d\n",num1,num2,ji);
    printf("%d 和%d 的商是%f\n",num1,num2,sh);
}
```

第 2 章　数据类型、运算和输入输出

一、选择题

1. D　2. A　3. A　4. A　5. C　6. B　7. D　8. B　9. A　10. D　11. B　12. C
13. A　14. D　15. C　16. A

二、填空题

1. 1、2、4、8

2. 0.0、2

4. 1、5

5. 6、4、2、26

6. 2.5

7. −16

8. 28

9. ((x>20)&&(x<30)) || (x<−100)

10. 逗号运算符、!、&&、||

11. 2　1　1　1

12. I'love'you

13. (x<=y)&&(y<=2)

14. 2

15. |　3|

三、阅读程序题

1. B66

2. 0，2

3. 6，2

4. 8，10，8

5. 1，0，1

6. i=123，j=45

7. 20，141

8. 100(10)<=>144(8)
   100(10)<=>64(160)

四、编程题

1. ＃include<stdio. h>

```
void main()
{
float score1,score2,score3,sum_score,ave_score;
printf("请输入学生 3 门课的成绩:");
scanf("%f,%f,%f\n",&score1,&score2,&score3);
sum_score=score1+score2+score3;
ave_score=sum_score/3;
printf("3 门课总成绩是%.1f,平均分是%.2f",sum_score,ave_score);
}
```

2.
```
#include<stdio.h>
void main()
{
float F,C;
printf("请输入一个华氏温度:");
scanf("%f\n",&F);
C=5.0/9*(F-32);
printf("输出摄氏问题是%.2f",C);
}
```

3.
```
#include<stdio.h>
void main()
{
int num,ge,shi,bai;
printf("请输入一个三位数:");
scanf("%d",&num);
ge=num%10;
shi=nam/10%10;
bai=num/100;
printf("个位是%d,十位是%d,百位是%d",ge,shi,bai);
}
```

第 3 章 选 择 结 构 程 序 设 计

一、选择题

1. C 2. B 3. B 4. B 5. D 6. D 7. B 8. A

二、填空题

1. (s>='0')&&(s<='9')

2. 一条语句、分号(;)、x!=0

3. 常量、没有配对情况下执行后面语句

4. 2、3、1

5. 0

三、完善程序题

1. ch>='A'&&ch<='Z' || ch>='a'&&ch<='z'

　　ch>='1'&&ch<='9'

　　ch=='\0'

2. ch+=32

　　ch-=32

3. a-b

四、阅读程序题

1. 97,b

2. 37

3. 10,10

4. 123456

5. 585858 4848 38

6. 10

7. a=2,b=1

五、编程题

1. ＃include<stdio. h>

　　void main()

　　{

　　int num;

　　if(num%2==0)

　　printf("%d 是偶数。\n",num);

　　else

　　printf("%d 是奇数。\n",num);

　　}

2. ＃include<stdio. h>

　　void main()

　　{

　　float x,y;

　　if(x>2)

　　y=x*(x+2);

　　else if(x<=? -1)

　　y=x-1;

　　else

　　y=1.0/x;

```
    printf("当 x 的值是%f 时,y 的值是%.2f。\n",x,y);
    }
```

3.
```
#include<stdio. h>
void main()
{
int num1,num2,num3,num4,t;
printgf("请输入四个数字:");
scanf("%d%d%d%d",&num1,&num2,&num3,&num4);
if(num1>num2)
{t=num1;num1=num2;num2=t;}
if(num1>num3)
{t=num1;num1=num3;num3=t;}
If(num1>num4)
printf("%d"是最小数。\n",num4);
else
printf("%d"是最小数。\n",num1);
}
```

4.
```
#include<stdio. h>
void main()
{
int num,sum=0;
scanf("%d",&num);
if(num>=1000&&num<=9999)
{
sum=sum+num%10+num/10%10+num/100%10+num/1000;
printf("这个四位数各位上数字之和是:%d",sum);
}
else
printf("输入出错");
}
```

5. if 实现多分支:
```
#include<stdio. h>
void main()
{
float kilo_num;
scanf("%f",&kilo_num);
if(kilo_num<=3)
prinft("费用是%.2f",6);
```

```
else if(num<=10)
printf("费用是%.2f",6+(kilo_num-3)*1.2);
else
printf("费用是%.2f",6+(10-3)*1.2+(kilo_num-10)*1);
}
```

switch 实现多分支

```
#include<stdio.h>
void main()
{
float kilo_num;
scanf("%f",&kilo_num);
switch((int)kilo_num)
{
case 0:
case 1:
case 2:printf("费用是%.2f",6);break;
case 3:
case 4:
case 5:
case 6:
case 7:
case8:
case 9:printf("费用是%.2f",6+(kilo_num-3)*1.2);break;
default:printf("费用是%.2f",6+(10-3)*1.2+(kilo_num-10)*1);
}
}
```

第 4 章　循 环 结 构 程 序 设 计

一、选择题

1. B　2. D　3. C　4. C　5. C　6. A　7. A　8. B　9. C　10. C　11. C　12. C
13. C　14. C　15. A　16. B

二、填空题

1. if-goto 语句、while 语句、do-while 语句、for 语句
2. break

三、完善程序题

1. e+t.
2. 1098
3. i<10、j%3!=0

4. ＝a、a、sum/(n＋1)、x[n]＜ave

5. i，j、i＜100、j％3！＝0

四、阅读程序题

1. ＃ 　　　　 2. a[0],0 　　 3. x＝0;y＝5 　 4. 死循环 　 5.10

　 ＃＃＃ 　　　　　 a[2],0

　 ＃＃＃＃＃＃ 　　　 a[4],0

　　　　　　　　　　 a[6],0

五、编程题

1. 分析：通过循环和条件判断的结合，找出满足条件的整数，然后求出它们的和。

```
# include<stdio. h>
    void main()
    {
    int i,sum;
    sum=0;
  for(i=1;i<100;i++)
    if(i%10==6&&i%3==0)
        sum=sum+i;
  printf("sum=%d",sum);
  }
```

2. 分析：此题的关键在于如何找到每个满足条件的数据。

参考答案 1：

```
# include<stdio. h>
# include<conio. h>
void main()
{
  int a,n,count=1;
  long int sn=0,tn=0;
  printf("please input a and n\n");
  scanf("%d,%d",&a,&n);
  printf("a=%d,n=%d\n",a,n);
  while(count<=n)
  {
    tn=tn+a;
    sn=sn+tn;
    a=a*10;
    ++count;
  }
```

```
        printf("sn＝%1d\n",sn);
        getch();
    }
```

参考答案 2：
```
    #include<stdio. h>
    void main()
    {int i,sum＝0,a,n;
    printf("please input a and n\n");
    scanf("%d,%d",&a,&n);
    for(i＝0;i<n;i++)
    {
        sum+＝a;
        a＝10 * a+2;
    }
    printf("sum＝%d\n",sum);
    }
```

3. 分析：此题采用循环结构，使结果慢慢接近预定目标，直到达到目标，循环停止，输出最后得出的 s 值。
```
    #include<stdio. h>
    #include<math. h>
    void main()
    {
        int x;
        float s＝1,t＝1,i＝1;
        printf("please input x:");
        scanf("%d",&x);
        do {
            t＝-t * x/(i++);
            s+＝t;
        }while(fabs(t)>0.000001);
        printf("%. 2f\n",s);
    }
```

4. 分析：水仙花数是一个 3 位自然数，应当在 100～999 之间，且由于要满足各位数的立方和等于该数本身，因此需要求出该数的每位数字，根据这个思路就不难求出水仙花数。
```
    #include<stdio. h>
    void main()
    {
```

```
int a,b,c,d,i;
i=100;
while(i<=999)
{
    a=i/100;
    b=(i-a*100)/10;
    c=i%10;
    if(i==a*a*a+b*b*b+c*c*c)
    printf("%d\n",i);
    i++;
}
}
```

5. 分析：解决此题的关键是找出符合条件的最小素数 i，且 i+1000 是 43 的倍数，所以 i 只能从 0 开始向上找，找到满足条件的就立即结束循环。

```
#include<stdio.h>
void main()
{
    long i=0;
    long j=0;
    while(1)
    {
        if((i+1000)%43==0)
        {
            int flag=0;
            for(j=2;j<=1+i/2;j++)
                if(i%j==0)
                    break;
                else
                    flag=1;
            if(flag)
            {
                printf("found:%d",i);
                break;
            }
        }
        i++;
    }
}
```

6. 分析：此题要利用二重循环。

```
#include <stdio. h>
void main()
{ int i,j,h,m;
  long s=0;
  printf("请输入项数 n\n");
  scanf("%d",&n);
  for(i=1;i<=n;i++)
    {m=0;
  for(j=1;j<=i;j++)
    m=m+j;
    s=s+m;
  }
  printf("结果为:%d\n",s);
  }
```

7. 分析：此题的每个数据项分子为 1，分母的规律是：后一项的分母是前一项分母乘 10 加上前一项分母个位数+1。

```
#include<stdio. h>
void main()
{
  int i;
  double result=0,sum=0,t=0;
  for(i=1;i<=5;i++)
    { t=t*10+i;
      result=1/t;
      sum=sum+result;
    }
  printf("%f",sum);
}
```

第 5 章　数　　组

一、选择题
1. C　2. D　3. A　4. D　5. D　6. B　7. D　8. B　9. B　10. C

二、填空题
1. 数据类型、0、符号常量、越界
2. 连续、数组名、地址
3. 0、6

4. 2、0、0

5. Windows95

三、完善程序题

1. j＝2;j＞＝0

2. &b[k]

3. 4、4、a[j][i]、a[j][i]

4. i%j、n

5. 分析：为整型数组中的多个元素赋 0 值，不能写成 int a[3]＝{3＊0};形式；for 循环要注意边界条件，数组中的元素最大为 a[2]，不能出现越界。

```
#include<stdio. h>
void main()
{
    int a[3]={0};
    int i;
    for(i=0;i<3;i++)
        scanf("%d",&a[i]);
    for(i=1;i<3;i++)
        a[0]=a[0]+a[i];
    printf("%d\n;,a[0]);
}
```

6. 分析：for 循环要注意边界条件，二维数组的行下标上限为 1，列下标的上限为 2，注意不能出现越界。另为二维数组中每个元素赋初值在 scanf 的参数列表应是地址列表。

```
#include<stdio. h>
void main()
{
int a[2][3],i,j;
    printf("enter data:\n");
    for(i=0;i<2;i++)
        for(j=0;j<3;j++)
            scanf("%d",&a[i][j]);
    printf("output a two dimension array\n");
    for(i=0;i<2;i++)
        for(j=0;j<3;j++)
    printf("%d",a[i][j]);
}
```

四、阅读程序题

1. 3   5   7   11

2．600

3．gfedcba

4．45

5．39

6．ABDE

五、编程题

1．分析：让数组下标为 i 的元素和下标为 N−i−1 的元素互换。

```
#include<stdio.h>
#define N 10
void main()
{
    int a[N],t,i;
    printf("请输入%d 个数:",N);
    for(i=0;i<N;i++)
        scanf("%d",&a[i]);
    for(i=0;i<=N/2;i++)
    {
        t=a[i];
        a[i]=a[N-i-1];
        a[N-i-1]=t;
    }
    printf("逆序输出数组为:\n");
    for(i=0;i<N;i++)
        printf("%d,a[i]");
}
```

2．分析：从第 3 行数开始都满足该数值等于它前一行前一列和前一行该行的数值之和。

```
#include<stdio.h>
void main()
{ Int a[10][10]={{1},{1,1}},i,j,n;
    printf("please input n:");
    scenf("%d",&n);
    for(i=2;i<n;i++)
        for(j=0;j<i;j++)
            a[i][j]=a[i-1][j-1]+a[i-1][j];
    for(i=0;i<n;i++)
    { for(j=0;j<=i;j++)
        printf("%2d",a[i][j]);
```

```
      printf("%\n");
     }
}
```

3. 分析：字符数组中的元素以 '\0' 作为结束标识，单词之间以空格作为分隔符，利用 for 循环逐个判断数组元素是否为空格，以 word 变量来计数单词个数，同时 word 也作为数组 下标，最后单词的个数为 word 数加 1。

```
     #include<stdio. h>
     #include<string. h>
     void main()
     { chars[200];
       int word=0,i;
       printf("输入一个英文句子:\n");
       gets(s);
       for(i=0;s[!]! ='\0';i++)
         if(s[i]=='')
           word++;
       word++;
       printf("句子中的单词数为:%d\n",word);
     }
```

4. 分析：先找出每行的最大值元素的下标存入变量 maxj 中，在 maxj 这一列来判断 a[i][maxj] 是否为最小值，如果不是，则该点不是鞍点；如果是，则 a [i] [maxj] 为鞍点。

```
     #detine N 4
     #define M 4
     #include<stdio. h>
     void main()
     {
       int[N][M]={{5,8,30,4},{60,-1,90,3},{4,-3,85,33},{-4,10,59,2}};
       int max,maxj,i,j,k,m,n,flag1,flag2;
       printf("二维数组如下:\n");
       for(i=0;i<N;i++)
       {
         for(j=0;j<M;j++)
           printf("%5d",a[i][j]);
         printf("\n");
       }
       flag2=0;
       for(i=0;i<N;i++)        /* 对二维数组的每一行 */
       {
```

```
        max＝a[i][0];
      for(j＝0;j＜M;j++)
        if(a[i][j]＞max)
        {
            max＝a[i][j];
          max＝j;
      }
      flag1＝1;
      for(k＝0;k＜＝N&&flag;k++)
        if(max＞a[k][maxj])
      flag1＝0;
        if(flag1)          {
          printf("\n 第%d 行,第%d 列的%d 是鞍点\n",i,maxi,max);
      flag2＝1;
        }
    }
  if(! flag2)
    printf("\n 此二维数组中无鞍点！\n");
  }
```

5. 分析：字符数组中的元素以'\0'作为结束标识，逐个读区数组中的每个元素，累计元素个数。

```
      #include＜stdio. h＞
      #include＜string. h＞
      void main()
      {
        char s[100];
        int length;
        printf("输出一个字符串:");
        gets(s);
        for(length＝0;s[length]! ＝'\0';length++);
        printf("字符串的长度为:%d\n",length);
      }
```

6. 分析：首先让两个字符串都没结束时交替合并，接着处理源字符串 s1 中剩余字符，再处理源字符串 s2 中剩余字符，最后给新字符串 s3 末尾添加结束标志。

```
      #include＜stdio. h＞
      #include＜string. h＞
      void main()
      {
```

```
char s1=[100],s2=[100],s3=[100];
int d1,d2,d3;
printf("输入两个字符串:\n");
gets(s1);
gets(s2);
d1=d2=d3=0;
while(s1[d1]! =′\0′&&s2[d2]! =′\0′)
{
    s3[d3]=s1[d1];
    s3[d3+1]=s2[d2];
    d1++;
    d2++;
    d3+=2;
}
while(s1[d1]! =′\0′)
{
    s3[d3]=s1[d1];
    d1++;
    d3++;
}
while(s2[d2]! =′\0′)
{
    s3[d3]=s2[d2];
    d2++;
    d3++;
}
s3[d3]=′\0′;
printf("合并后的字符串是:%s\n",s3);
}
```

第 6 章 函　　数

一、选择题
1. A　2. A　3. C　4. C　5. B　6. D　7. B　8. D　9. A　10. C　11. B　12. C
13. D

二、填空题
1. 函数的首部、函数体
2. int

3. 函数的类型

三、完善程序题

1. s[i]>='0'&&s[i]<='9';'\0';

2. k!=0、k=k/10、continue

3. 形式参数在定义多个变量的时候，各个变量参数都要声明类型。

```
#include<stdio.h>
void main()
{ float x,y;
  scanf("%f%f,&x,&y);
  printf("%"f,mul(x,y));
}
  float mul(float a,float b)
  { return(a*b);
  }
```

4. 变量输出控制类型要与变量定义的类型保持一致，且本题的逻辑是想求出 1! ～ 5!，利用静态变量 f 只初始化一次，下次的初值为上次离开时值的特性运算。

```
#include<stdio.h>
  float fac(int n)
{ static int f=1;

  f=f*n;
  return(f);
}
  void main()
{ int i;
  for(i=1;i<=5;i++)
  printf("%d! =%f\n",i,fac(i));
}
```

5. if 语句应该为判断语句，不应是赋值语句。

```
fun(int n)
{ int k,yes;
  for (k=2;k<=n/2;k++)
    if(n%k==0)yes=0;
    else yes=1;
  return yes;
}
```

6. 输入函数的参数列表为地址列表

```
#include<stdio.h>
```

```
#include<math. h>
void main()
{
  float x,y,z;
  scanf("%f%f",&x,&y);
  z=abs(x−y);
  printf("%f",z);
}
```

四、阅读程序题

1. max is 2

2. (1) x＝2 y＝3 z＝0

　 (2) x＝4 y＝9 z＝5

　 (3) x＝2 y＝3 z＝0

3. 12

4. 123456

5. This Is A Book!

6. 3025

7. Cdeab

8. 8　4

五、编程题

1. 分析：假设 tx 表示第 x 天的桃子数，由题意知 t10＝1，因此 t10 推到 t1 是较容易的。t9/2−1＝t10，则 t9＝2＊(t10＋1)＝4，t8＝2＊(t9＋1)＝10，依次递推可以得到 t7……t2、t1。递推关系为：tn−1＝2＊(tn＋1)。

```
#include<stdio. h>
int tao_zi(int n)
{
  if(n==10)
    return 1;
  else
    return 2*(tao_zi(n+1)+1);
}
void main()
{
  printf("第一天的桃子数是%d",tao_zi(1));
}
```

2. 分析：规定 1! ＝1，0! ＝1，n! ＝n＊(n−1)!

```
long fact(int n)
```

```
{
    long f;
    if(n==1 || n==0)
        return f=1;
    else
        return f=n * fact(n-1);
}
```

3. 分析：三个数中最大数，先求出两个数中最大数，然后让该最大数与第三个数比较，两次调用两个数求最大数函数，得出三个数中最大数。

```
#include<stdio. h>
long fact(int n);
void main()
{
    int a,b,c,t;
    printf("请输入三个整数:");
    scanf("%d%d%d",&a,&b,&c);
    t=max(a,b);
    t=max(c,t);
    printf("三个数中最大数为%d\n",t);
}
int max(int x,int y)
{
    int z;
    if(x>y)
        z=x
    else
        z=y;
    return z;
}
```

4. 分析：素数即是只能被 1 和本身整除的数，也就是说如果从 2 到该数的一半都不能被整除即是素数。

```
#include<stdio. h>
int prime(int n);
void main()
{
    int m,t;
    printf("请输入一个正数:");
    scanf("%d",&m);
```

```
   t＝prime(m);
   if(t==1)
     printf("%d 这个数不是素数\n",m);
   else
     printf("%d 这个数是素数\n",m);
}
int prime(int n)
{
   int i,flag＝0;
   for(i＝2;i<=n/2;i++)
   if(n%i==0)
   {
     flag＝1;
     break;
   }
   return flag;
}
```

5. 分析：根据冒泡排序法的思想，让相邻两个数比较大小。有 n 个数需要比较 n－1趟。第一趟排序是第一个元素与第二个元素比较，第二个元素与第三个元素比较，……，依此类推最后是倒数第二个和倒数第一个元素比较，一趟排完后最大的元素找到了；第二趟排序是第一个元素与第二个元素比较，第二个元素与第三个元素比较，……，依此类推最后是倒数第三个和倒数第二个元素比较，一趟排完后第二大的元素找到了；……依此类推直到剩下一个元素时，不要比较大小。

```
#include<stdio. h>
#define n 10
void main()
{
   int i,j,t,a[n];
   printf("请输入 10 个数:");
   for(i＝0;i<n;i++)
     scanf("%d",&a[i]);
   printf("排序前的数为:");
   for(i＝0;i<n;i++)
     printf("%d",a[i]);

   for(j＝1;j<n;j++)
     for(i＝0;i<n－j;i++)
       if(a[i]>a[i+1])
```

```
            {
               t＝a[i];
               a[i]＝a[i＋1];
               a[i＋1)＝t;
            }
         printf("\n 排序后的数为:");
            for(i=0;i<n;i++)
               printf("%d",a[i]);
      }
```

6. 分析：闰年的 2 月有 29 天，非闰年的为 28 天。

```
   #include<stdio. h>
   void main()
   {
      int y,m,d,n,f;
      printf("please enter 年　月日:(用/进行分割)");
      scanf("%d/%d/%d",&y,&m,&d);
      f=(y%4==0&&y%100!＝0 ‖ y%400==0);
      n＝d;
      switch(m－1)
      {
      case 11:n+＝30;
      case 10:n+＝31;
      case 9:n+＝30;
      case 8:n+＝31;
      case 7:n+＝31;
      case 6:n+＝30;
      case 5:n+＝31;
      case 4:n+＝30;
      case 3:n+＝31;
      case 2:n+＝28＋f;
      case 1:n+＝31;
      }
   printf("n＝%d\n",n);
      }
```

7. 分析：先找到第一个字付串的结束标识符处，再利用循环逐个地把第二个字符串的内容复制到第一字符串的后面。

```
   #include<stdio. h>
   void concatenate(char x[],char y[]);
```

```
void main()
{
    char a[40],b[20];
    printf("请输入第一个字符串长度小于 20 字符:");
    gets(a);
    printf("请输入第二个字符串长度小于 20 字符:");
    gets(b);
    concatenate(a,b);
    printf("两个字符串连接后的结果为:");
    puts(a);
}
void concatenate(char x[],char y[])
{
    int i=0,j=0;

    while(x[i]! ='\0')
        i++;

    while(y[j]! ='\0')
        x[i++]=y[j++];
        x[i]='\0';
    puts(x);
}
```

8. 分析：首先接收一串字符串，再逐个判定是否为数字字符。若是，把其转换为数字输出；否则，用空格输出。

```
#include<stdio. h>
void main()
{
    char x[40];
    int i=0;
    printf("请输入第一个字符串:");
    gets(x);
        while(x[i]! ='\0')
        {
            if(x[i]>='0'&&x[i]<='9')
            { printf("%d",x[i]-48);
            if(! (x[i+1]>='0'&&x[i+1]<='9'))
                printf("  ");
```

```
        }
            i++;
    }
}
```

9. 分析：先接受一串字符串，再逐个处理字符串里的字符，如果该字符是大写字母，或是小写字母，将其转换成它后面的字符。对于字符'Z'或'z'加 1 后，要减去 26 回到'A'或'a'字符。

```
#include<stdio.h>
void main()
{
    int j,n;
    char ch[80];
    printf("\nInput cipher code:");
    gets(ch);
    printf("\ncipher code:%s",ch);
    j=0;
    while(ch[j]!='\0')
    {
    if((ch[j]>='A')&&(ch[j]<='Z'))
    { ch[j]=ch[j]+1;
        if(ch[j]>'Z')
    ch[j]=ch[j]-26;
    }
    else if((ch[j]>='a')&&(ch[j]<='z'))
    { ch[j]=ch[j]+1;
        if(ch[j]>'z')
        ch[j]=ch[j]-26;
    }
    j++;
    }
    n=j;
    printf("\n Original text:");
    for(j=0;J<n;j++)
        putchar(ch[j]);
    printf("\n");
}
```

第 7 章　指　　针

一、选择题

1. D　2. B　3. A　4. C　5. D　6. C　7. B　8. B　9. D　10. A

二、填空题

1. 取地址单元的内容、取变量的地址

2. ＋2、＋1

3. 8、4

4. 定义一个含有三个指针变量的一维数组、定义了一个指向含有三个元素一维数组的指针

5. int（＊p）（int，int）

三、完善程序题

1. s[i]＜′0′‖s[i]＞′9′或！（s[i]＞＝′0′＆＆s[i]＜＝′9′）、′\0′,或 0 或 NULL

2. ＊t++

3. ＊x、t

4. 0、a、a＋9、＊p

5. p++

6. (1) #include＜stdio. h＞

```
        void swap(int * p,int * q)
        {int t;
        t＝ * p; * p＝ * q; * q＝t;}
    void main()
        {int a,b;
    a＝10,b＝20;
    swap(&a,&b);
    printf("%d%d\n",a,b);
    }
```

   (2) #;include　＜stdio・h＞

```
    void main()
    {
       int a[3]＝{5,3,7}, * p[2],x * q;
       p[0]＝a;
       p[1]＝++a;
       q＝&p[0];
       q++;
       printf("%d,%d,%d", * p[0], * p[1], * * q);
    }
```

四、阅读程序题

1. ＊2＊4＊6＊8＊

2. 8，5

3. Think，Goodnight，Beautiful

4. 10　96　82　27　16　5　24　31　12　1

五、编程题

1. 分析：定义可以指向整型数据的指针，该指针为指向元素的指针，指针提供间接访问方式，通过指针所指向的内容进行排序。

```
#include<stdio. h>
void swap(int  * i,int * j)
{
    int t;
    t= * i;
    * i= * j;
    * j=t;
}
void main()
{
    int *  n, * m, * 1;
    int i,j,k;
    while(scanf("%d,%d,%d",&i,&j,&k))
    {
    n=&i;
    m=&j;
    1=&k;
    if(i>j)swap(n,m);
    else if(j>k)swap(m,l);
else if(i>k)swap(n,l);
printf("%d,%d,%d\n",i,j,k);
    }
}
```

2. 分析：通过一个指向字符数组的指针统计数组中数字的个数。

```
#include<stdio. h>
#include<string. h>
void main()
{   char string[81],digit[81];
    char * ps;
    int i=0;
    printf("enter a string:\n");
    gets(string);
    ps=string;
```

```
    while( * ps! ='\0')
    {if( * ps>='0'&& * ps<='9')
      { digit[i]= * ps;
        i++;
      }
      ps++;
    }
    digit[i]='\0';
    printf("string=%s digit=%s\n",string,digit);
  }
```

3. 分析：定义一个可以指向数组中元素的指针，虽然指向的元素在数组中，但指针仍然是一个指向普通元素的指针变量。

```
  #include<stdio. h>
  void main( )
  {
      char s[20];
      gets(s);
      char * p=s;
      int m=0,n=0,k=0,1=0,o=0;
      for(; * p! ='\0';p++)
      {
      if( * p>='A'&& * p<='Z')
        m++;
      else if( * p>='a'&& * p<='z')
        n++;
      else if( * p=='')
        k++;
     else if( * p>='0'&& * p<='9')
        1++;
      else o++;
      }
      printf("%d,%d,%d,%d,%d\n",m,n,k,1,o);
  }
```

4. 分析：定义一个能够指向含有 3 个元素一维数组酌指针，可以通过该指针访问二维数组中所有的数据元素。

```
  #include<stdio. h>
  void sum(int a[3][3])
  {
```

```
    int i,j;
    int( * p)[3]=a;
    int sum=0;
    for(i=0;i<3;i++)
    for(j=0;j<3;j++)
    if(i==j)
    sum+= * ( * (p+i)+j);
    printf("%d\n",sum);
}
void main()
{
    int a[3][3];
    int i,j;
    for(i=0;i<3;i++)
    for(j=0;j<3;j++)
    scanf("%d",&a[i][j]);
    sum(a);
}
```

5. 分析：指针在扫描数组元素的同时，进行数据大小的比较。

```
#include<stdio. h>
void main()
{
    int n;
    while(scanf("%d",&n)! =EOF)
    {
        int a[n];
        int * p,t;
        for(p=a;p<(a+n);p++)
        scanf("%d",p);
        for(p=a;p<(a+n);p++)
        printf("%d\n", * p);
        * p=0;
        for(int i=0;i<n;i++)
        if( * p<a[i])
            * p=a[i];
        printf("%d", * p);
    }
}
```

6. 分析：通过指向字符数组的指针，扫描字符数组，以′\0′为结束标记统计给定字符出现的次数。

```
#include<stdio. h>
#include<string. h>
int StringLength(char * s);
int StringLength(char * s)
{ int k;
  for(k=0;* s++;k++);
  return k;
}
void main()
{ char string[81];
  prmtf("enter a string:\n");
  gets(string);
  printf("length of the string=%d\n",StringLength(string));
}
```

运行结果：

从键盘上输入：hello! how are you.
$\qquad\qquad$ h

输出结果：length of the string=2

7. 分析：按照字符串的匹配度，以′\0′为结束标记，统计字符串在原文中出现的次数。

```
#include<stdio. h>
#include<string. h>
int Occur(char * s,char c);
int Occur(char * s,char c)
{ int k=0;
  while(* s)
      { if(* s==c)
         k++;
       s++;
      }
    return k;
}
void main()
{ char string[81],c;
  printf("enter a string:\n");
  gets(string);
```

```
        printf("enter a character:\n");
        c=getchar();
        printf("character%c occurs%d times in string%s\n",c,Occur(string,c),
        string);
    }
```

8. 分析：定义一个指向含有两个参数的指针，即函数指针，根据要求分别指向不同的函数，用来完成同一指针指向不同函数的操作。

```
    #include<stdio. h>
    int sum(int x,int y)
    {   int z;
        z=x+y;
        return z;
    }
    int div(int x,int y)
    { int z;
      z=x—y;
      return z;
    }
    void main()
    { int a,b,s,d,( * p)(int,int);
      scanf("%d%d",&a,&b);
      p=sum;
      s=( * p)(a,b);
      p=div;
      d=( * p)(a,b);
      printf("a 和 b 的和为:%d",s);
      printf("a 和 b 的差为:%d",d);
    }
```

第 8 章　结 构 体 与 共 用 体

一、选择题

1. C　2. B　3. D　4. B　5. A　6. D　7. C　8. B　9. C

二、填空题

1. 结构体或共用体

2. 0x1234、0x1234

3. 指定用 DOU 代表 double 类型

4. 0，3，5

5. 2、3

三、完善程序题

1. break；newp−>next＝suce；pre−>next＝newp；
2. p2−>next！＝NULL、p1−>next＝p2−>next
3. n＋＋、p＝p−>next

四、阅读程序题

1. 12
2. 6
3. 51

  60

五、编程题

1. 分析：此题要通过定义结构体类型数组方可解决。

```
＃include＜stdio. h＞
struct student
   {char num[20];
   char name[20];
   int score[3];
   float avr;
   }stu[10];
void main()
{int i,j,max,maxi,sum;
printf("Please input 10 students data\n");
for(i＝0;i＜10;i＋＋)
{printf("The NO. ％1d number：",i＋1);
scanf("％s",stu[i]. num);
printf("name：");
scanf("％s",stu[i]. name);
for(j＝0;j＜3;j＋＋)
        {printf("score％1d：",j＋1);
        scanf("％d",＆stu[i]. score[j]);
     }
   }
max＝0;
maxi＝0;
for(i＝0;i＜10;i＋＋)
   {sum＝0;
for(j＝0;j＜3;j＋＋)
```

```
        sum+=stu[i].score[j];
      stu[i].avr=(float)sum/3;
  if(sum>max)
    {max=sum;
      maxi=i;
      }
  }
  printf("number name score1 score2 score3 average\n");
  for(i=0;i<10;i++)
  {printf("%6s%7s",stu[i].num,stu[i].name);
  for(j=0;j<3;j++)
    printf("%8d",stu[i].score[j]);
    printf("%8.2f\n",stu[i].avr);
    }
  printf("The best student is%s,sum=%d\n",stu[maxi].name,max);
  }
```

2. 分析：遍历一遍全链表，若找出结点中年龄与所给年龄相同的结点 P，则让 P 的前一个结点 head 指向 p 的下一个结点 P→next，从而删除此结点。

```
  #include<stdio.h>
  #include<malloc.h>
  #include<string.h>
  struct Node
  {
    char id[20];
    char name[20];
    char sex;
    short age;
    Node * next;
  };
  Node * head,* p,* q;
  void main()
  {
    int i=0;
    p=(Node * )malloc(sizeof(Node));
    head=p;
    do
    {i=i+1;
    printf("请输入学号,小于 20 位:\n");
```

```
    scanf("%s",&p->id);
    printf("请输入姓名,小于 20 字符\n");
    scanf("%s",&p->name);
    printf("请输人性别,m:男,f:女\n");
    scanf("%c",&p->sex);
    printf("请输入年龄\n");
    scanf("%d",&p->age);
    q=(Node  *)malloc(sizeof(Node));
    p->next=q;
    p=p->next;

}while(i<=10);
p=head;
q=head;
printf("请输入一个年龄");
short year,n=0;
scanf("%d",&year);
if(p->age==year)
{
   printf("%d",p->age);        //显示
   head=p->next;               //删除
}
else
{
   p=p->next;
   for(i=0;i<5;i++)
   {
      if(p->age==year)
      {
         n++;
      printf("%d",p->age);
      q->next=p->next;
      break;
   }
   else
   {
   p=p->next;
   q=q->next;
```

```
            }
        }
        if(n==0)
        {
        printf("NOT FOUND");
        }


        }
        for(i=1,p=head;p->next!=NULL;i++)
        {p=p->next;
        printf("节点数为%d",i);}
}
```

第 9 章　文　件　与　位　运　算

一、选择题
1. C　2. A　3. D　4. D　5. D　6. B　7. C　8. A　9. B　10. A

二、填空题
1. COPY A. TXT＋B. TXT

2. Chinang

3. 结构序列

4. 一个内存块的首地址，代表读入数据存放的地址

5. 0

6. 非零值

7. "dl. dat"，"rb" 或 "d1. dat"，"r+b" 或 "d1. dat"，"rb+"

三、完善程序题
1. NULL

2. " bi. dat"，" w" 或" bi. dat"，" wt" 或" bi. dat"，" w+t"

3. " w" 或" w+" 或" wt" 或" w+t" 或""" wt+";
   str [i] −32 或 str [i] − ('a'−'A') 或 str [i] −'a'+'A'
   " r" 或" r+" 或" r+t" 或" rt+"

4. （1）#include<stdio. h>
   　　#include<stdlib. h>
   　　void main(void)
   　　{
   　　　int i;
   　　　char c;
   　　　FILE * fp;

```
        if((fp＝fopen("a1.txt","w"))＝＝NULL)          //这里少了,括号
          {
              prmtf("文件打开错误! \n");
              exit(0);
          }
        printf("请输入写入文件的字符串:");
        for(i＝0;(c＝getchar())! ＝'\n';i＋＋)
            fputc(c,fp);
            fclose(fp);                                //多了个 *
        }
```

(2) #include＜stdio.h＞
    #include＜stdlib.h＞
    void main(void)
    {

```
      char c;
      FILE ＊fp1,＊fp2;//少了 *
      if((fp1＝fopen("datal.txt","r"))＝＝NULL)          //少了"r",
      {
        printf("文件打开错误! \n");
        exit(0);
      }
      if((fp2＝fopen("data2.txt","r"))＝＝NULL)          //少了"r"
      {
        printf("文件打开错误! \n");
        exit(0);
      }
      printf("datal.txt 文件的内容为:");
      while(! feof(fp1))
      putchar(fgetc(fp1));
      printf("\n");
      printf("data2.txt 文件的内容为:");
      while(! feof(fp2))
      putchar(fgetc(fp2));
      printf("\n");
      fclose(fp1);
      fclose(fp2);
    }
```

四、阅读程序题

1. 1　2

2. 123　0

3. 64

五、编程题

1. 分析：对输入的字符做判断，完成大小写字母的转换，再写入到文件中去。

```
#include<stdio.h>
#include<stdlib.h>
void main()
{
    char ch[100];
    int i;
    FILE * fp;
    for(i=0;(ch[i]=getchar())! ='!'&&i<100;i++)
    if(ch[i]>='a'&& ch[i]<='z')
        ch[i]-=32;
    if((fp=fopen("test. txt","w"))==NULL)
    {
    printf("cannot open the file\n");
    exit(0);
    }
    for(i=0;ch[i]! ='!';i++)
    fputc(ch[i],fp);
    fclose(fp);
}
```

2. 分析：首先读文件，对文件内容进行修改后，再存储为另外一个文本文件。

```
#include<stdio.h>
void main()
{
    FILE * fr, * fw;
    int ct=0;
    char filer[100],filew[100];
    char buffer[500];
    printf("Input the file name to be open:\n");
    scanf("%s",filer);
    fr=fopen(filer,"r");
    if(fr){
```

```
printf("Input the hle name to be saved:\n");
scanf("%s",filew);
fw=fopen(filew,"w");
while(fgets(buffer,500,fr))
{ct++;
fprintf(fw,"%d%s",ct,buffer);
}
printf("file saved successfully! \n");
}
else printf("file not found! \n");
getch();
}
```

3. 分析：先读文件，然后对文件的内容按照选择排序算法进行排序，最后将排序后的内容写入到原文件中去。

```
#include<stdio. h>
#include<stdlib. h>
int readtoarray(int  * a,FILE  * fp)      //从文件里将整数读到数组里
{
  int i=0;
if(fp==NULL)
  {
exit(0);
  }
  while(fgetc(fp)! =EOF)
  {
fscanf(fp,"%d",&a[i]);
printf("%d\n",a[i]);
i++;
}
return i;
}
void writetofile(int a[],FILE  * fp,int i)  //将数组写到文件里去
{
  int k=0;
if(fp==NULL)
{
exit(0);
}
```

```
        while(k<i)
        {
        fprintf(fp,"%c%d",'',a[k++]);
        }
    }
    void selectionSort(int *a,int i)          //选择排序
    {
        int m,n;
          int tmp,min;
        for(m=0;m<i-1;m++)
        {
        min=m;
        for(n=m+1;n<i;n++)
        {
          if(a[n]<a[min])
          min=n;
        }
        tmp=a[m];
        a[m]=a[min];
        a[min]=tmp;
        }
    }
    int main()
{
        FILE * fp, * fpwrite;
        int i;
        int a[10];
        fp=fopen("2.txt","r");
        i=readtoarray(a,fp);
        fclose(fp);
        selectionSort(a,i);
        fpwrite=fopen("2.txt","w");
        writetofile(a,fpwrite,i);
        fclose(fpwrite);
        return 0;
    }
```

4. 分析：数据右移 4 位，将 4—7 位移到低 4 位上，间接构造 1 个低 4 位为 1，其余各位为 0 的整数。

```
#include<stdio. h>
void main ()
 {
int num, mask;
  printf (" Input a integer number:");
  scanf ("%d", & num);
  printf (" the number: 0x%x \ n", num);
num>>=4;
mask=~ (~0<<4);
  printf (" 4~7: 0x%x \ n", num & mask);
}
```

第 3 部分　C 语言程序设计考试样卷及参考答案

全国计算机等级考试（二级）
C 语言程序设计笔试样卷及参考答案

一、选择题（11～20 每题 1 分，其他每题均为 2 分，共 70 分）

下列各题 A、B、C、D 四个选项中，只有一个选项是正确的。

1. 下列叙述中正确的是_____。

A. 线性表的链式存储结构与顺序存储结构所需要的存储空间是相同的

B. 线性表的链式存储结构所需要的存储空间一般要多于顺序存储结构

C. 线性表的链式存储结构所需要的存储空间一般要少于顺序存储结构

D. 上述三种说法都不对

2. 下列叙述中正确的是_____。

A. 在栈中，栈中元素随栈底指针与栈顶指针的变化而动态变化

B. 在栈中，栈顶指针不变，栈中元素随栈底指针的变化而动态变化

C. 在栈中，栈底指针不变，栈中元素随栈顶指针的变化而动态变化

D. 上述三种说法都不对

3. 软件测试的目的是_____。

A. 评估软件可靠性　　　　　　　　B. 发现并改正程序中的错误

C. 改正程序中的错误　　　　　　　D. 发现程序中的错误

4. 下面描述中，不属于软件危机表现的是_____。

A. 软件过程不规范　　　　　　　　B. 软件开发生产率低

C. 软件质量难以控制　　　　　　　D. 软件成本不断提高

5. 软件生命周期是指_____。

A. 软件产品从提出、实现、使用维护到停止使用退役的过程

B. 软件从需求分析、设计、实现到测试完成的过程

C. 软件的开发过程

D. 软件的运行维护过程

6. 面向对象方法中，继承是指_____。

A. 一组对象所具有的相似性质　　　B. 一个对象具有另一个对象的性质

C. 各对象之间的共同性质　　　　　D. 类之间共享属性和操作的机制

7. 层次型、网状型和关系型数据库划分原则是_____。

A. 记录长度　　　　　　　　　　　B. 文件的大小

C. 联系的复杂程度　　　　　　　　D. 数据之间的联系方式

8. 一个工作人员可以使用多台计算机，而一台计算机可被多个人使用，则实体工作人员与实体计算机之间的联系是_____。

A. 一对一　　　　　B. 一对多　　　　　C. 多对多　　　　　D. 多对一

9. 数据库设计中反映用户对数据要求的模式是_____。

A. 内模式　　　　　B. 概念模式　　　　C. 外模式　　　　　D. 设计模式

10. 有三个关系 R、S 和 T 如下图所示：

R		
A	B	C
a	1	2
b	2	1
c	3	1

S	
A	D
c	4

T			
A	B	C	D
c	3	1	4

则由关系 R 和 S 得到关系 T 的操作是_____。

A. 自然连接　　　　B. 交　　　　　　　C. 投影　　　　　　D. 并

11. 以下关于结构化程序设计的叙述中正确的是_____。

A. 一个结构化程序必须同时由顺序、分支、循环三种结构组成

B. 结构化程序使用 goto 语句会很便捷

C. 在 C 语言中，程序的模块化是利用函数实现的

D. 由三种基本结构构成的程序只能解决小规模的问题

12. 以下关于简单程序设计的步骤和顺序的说法中正确的是_____。

A. 确定算法后，整理并写出文档，最后进行编码和上机调试

B. 首先确定数据结构，然后确定算法，再编码，并上机调试，最后整理文档

C. 先编码和上机调试，在编码过程中确定算法和数据结构，最后整理文档

D. 先写好文档，再根据文档进行编码和上机调试，最后确定算法和数据结构

13. 以下叙述中错误的是_____。

A. C 程序在运行过程中所有计算都以二进制方式进行

B. C 程序在运行过程中所有计算都以十进制方式进行

C. 所有 C 程序都需要编译链接无误后才能运行

D. C 程序中整型变量只能存放整数，实型变量只能存放浮点数

14. 有以下定义：int a；long b；double x，y；则以下选项中正确的表达式是_____。

A. a％（int）（x－y）　　　　　　B. a＝x!＝y

C. （a＊y）％b　　　　　　　　　D. y＝x＋y＝x

15. 以下选项中能表示合法常量的是_____。

A. 整数：1，200　　　　　　　　　B. 实数：1.5E2.0

C. 字符斜杠：'\'   D. 字符串：" \007"

16. 表达式 a+=a-=a=9 的值是_____。

A. 9   B. -9   C. 18   D. 0

17. 若变量已正确定义，在 if（w）printf（"％d \ n"，k）；中，以下不可替代 W 的是_____。

A. a<>b+c   B. ch=getchat（）   C. a==b+c   D. a++

18. 有以下程序

```
#include<stdio. h>
void main()
{inta=1,b=0;
if(! a)b++;
else if(a==0)if(a)b+=2;
else b+=3;
printf("％d\n",b);
}
```

程序运行后的输出结果是_____。

A. 0   B. 1   C. 2   D. 3

19. 若有定义语句 int a，b；double x；则下列选项中没有错误的是_____。

A. switch(x％2)
   {cage 0:a++;break;
   case 1:b++;break;
   default:a++;b++;
   }

B. switch((int)x/2.0)
   {ease 0:a++;break;
   case 1:b++;break;
   default:a++;b++;
   }

C. switch((int)x％2)
   {case 0:a++;break;
   case 1:b++;break;
   default:a++;b++;
   }

D. switch((int)(x)％2)
   {case 0.0:a++;break;
   case 1.0:b++;break;
   default:a++;b++;
   }

20. 有以下程序

```
#include<stdio. h>
void main()
{int a=1,b=2;
while(a<6){b+=a;a+=2;b%=10;}
printf("%d,%d、n",a,b);
}
```

程序运行后的输出结果是_____。

A. 5，11　　　　　　　B. 7，1　　　　　　C. 7，11　　　　　　D. 6，1

21. 有以下程序

```
#include<stdio. b>
void main()
{int y=10;
while(y—);
printf("y=%d\n",y);
}
```

程序执行后的输出结果是_____。

A. y=0　　　　　　　　　　　　B. y=—1

C. y=1　　　　　　　　　　　　D. while 构成无限循环

22. 有以下程序

```
#include<stdio. h>
void main()
{char S[]="rstuv";
printf("%c\n", * s+2)：
}
```

程序运行后的输出结果是_____。

A. tuv　　　　　　　　　　　　B. 字符 t 的 ASCII 码值

C. t　　　　　　　　　　　　　D. 出错

23. 有以下程序

```
#include<stdio. h>
#include<string. b>
void main()
{char x[]="STRING";
x[0]=0;x[1]='\0';x[2]='0';
printf("%d%d\n",sizeof(x),strlen(x));
}
```

程序运行后的输出结果是_____。

A. 6 1　　　　　　　B. 7 0　　　　　　C. 6 3　　　　　　D. 7 1

24. 有以下程序
    ```
    ♯include♯<stdio. h>
    int f(int x);
    void main()
    {int n=1,m;
    m=f(f(f(n)));printf("%d\n",m);
    }
    int f(int x)
    {return x*2;}
    ```
    程序运行后的输出结果是_____。
    A. 1　　　　　　　B. 2　　　　　　　C. 4　　　　　　　D. 8

25. 以下程序段完全正确的是_____。
    A. int * p;scanf("%d",&p);　　　　　　B. int * P;scanf("%d",p);
    C. int k, * p=&k;scanf("%d",p)　　　　D. int k, * P; * p=&k;scanf("%d",p);

26. 有定义语句：int * p [4]；以下选项中与此语句等价的是_____。
    A. int p[4];　　　　　　　　　B. int * * p;
    c. int * (p[4]);　　　　　　　D. int(* p)[4];

27. 下列定义数组的语句，正确的是_____。
    A. int N=10;int x[N];　　　　　　B. ♯define N 10 int x[N];
    C. int x[0..10];　　　　　　　　　D. int x[];

28. 若要定义一个具有5个元素的整型数组，以下错误的定义语句是_____。
    A. int a[5]={0};　　　　　　　　B. int b[]={0,0,0,0,0};
    C. int c[2+3];　　　　　　　　　D. int i=5,d[i];

29. 有以下程序
    ```
    ♯include<stdio. h>
    void f(int * p);
    void main()
    {int a[5]={1,2,3,4,5}, * r=a;
    f(r);printf("%d\n", * r);
    }
    void f(int * P)
    {p=p+3;printf("%d,", * p);}
    ```
    程序运行后的输出结果是_____。
    A. 1，4　　　　　B. 4，4　　　　　C. 3，1　　　　　D. 4，1

30. 有以下程序(函数 fun 只对下标为偶数的元素进行操作)
    ```
    ♯include<stdio. h>
    void　fun(int * a,int n)
    {int i,j,k,t;
    ```

```
for(i=0;i<n-1;i+=2)
{k=i;
for(j=i;j<n;j+=2)if(a[j]>a[k])k=j;
t=a[i];a[i]=a[k];a[k]=t;
}
}
void main()
{int aa[10]={1,2,3,4,5,6,7),i;
fun(aa,7);
for(i=0;i<7;i++)printf("%d,",aal[i]);
printf("\n");
}
```

程序运行后的输出结果是_____。

A. 7，2，5，4，3，6，1　　　　B. 1，6，3，4，5，2，7

C. 7，6，5，4，3，2，1　　　　D. 1，7，3，5，6，2，1

31. 下列选项中，能够满足"若字符串 s1 等于字符串 s2，则执行 ST"要求的
是_____。

A. if(strcpy(s2,s1)==0)ST;　　　　B. if(s1==s2)ST;

C. if(strcpy(s1,s2)==1)ST;　　　　D. if(s1-s2==0)ST;

32. 以下不能将 s 所指字符串正确复制到 t 所指存储空间的是_____。

A. while(*t=*s){t++;s++;}　　　　B. for(i=0;t[i]=s[i];i++);

C. do{*t++=*s++;}while(*s);　　　　D. for(i=0,j=0;t[i++]=s[j++];);

33. 有以下程序（strcat 函数用以连接两个字符串）

```
#include<stdio. h>
#include<string. h>
void main ()
{char a [20] =" ABCD\0EFG\0"， b [] =" IJK";
strcat (a, b); printf ("%s\n", a);
}
```

程序运行后的输出结果是_____。

A. ABCDE\0FG\0IJK　　　　B. ABCDIJK

C. IJK　　　　D. EFGIJK

34. 有以下程序,程序中库函数 islower(ch)用以判断 ch 中的字母是否为小写字母

```
#include<stdio. h>
#include<ctype. h>
void fun(char * P)
{int i=0;
while(p[i])
```

```
{if(p[i]==''&&islower(p[i-1]))p[i-1]=p[i-1]-'a'+'A';
    i++;
    }
}
void main()
{char s1[100]="ab cd EFG!";
fun(s1);printf("%s\n",s1);
}
```

程序运行后的输出结果是_____。

A. ab cd EFG!   B. Ab Cd EFg!   C. aB cD EFG!   D. ab cd EFg!

35. 有以下程序

```
#include<stdio.h>
void fun(int x)
{if(x/2>1)fun(x/2);
printf("%d",x);
}
void main()
{fun(7);printf("\n");}
```

程序运行后的输出结果是_____。

A. 1 3 7   B. 7 3 1   C. 7 3   D. 3 7

36. 有以下程序

```
#include<stdio.h>
int fun()
{static int x=1;
x+=1;return x;
}
void main()
{int i,s=1;
for(i=1;i<=5;i++)s+=fun();
printf("%d\n",s);
}
```

程序运行后的输出结果是_____。

A. 11   B. 21   C. 6   D. 120

37. 有以下程序

```
#include<stdio.h>
#include<stdlib.h>
void main()
{int *a,*b,*c;
```

```
a=b=c=(int * )malloc(sizeof(int));
 * a=1; * b=2, * e=3;
a=b;
printf("%d,%d,%d\n", * a, * b, * c);
}
```

程序运行后的输出结果是_____。

A. 3，3，3　　　　　B. 2，2，3　　　　　C. 1，2，3　　　　　D. 1，1，3

38. 有以下程序

```
#include<stdio. h>
void main()
{int s,t,A=10;double B=6;
s=sizeof(A);t=sizeof(B);
printf("%d,%d\n",s,t);
}
```

在 VC6 平台上编译运行，程序运行后的输出结果是_____。

A. 2，4　　　　　B. 4，4　　　　　C. 4，8　　　　　D. 10，6

39. 若有以下语句

```
typedef  struct S
{int g;char h;}T;
```

以下叙述中正确的是_____。

A. 可用 S 定义结构体变量　　　　　B. 可用 T 定义结构体变量

C. S 是 struct 类型的变量　　　　　D. T 是 struct S 类型的变量

40. 有以下程序

```
#include<stdio. h>
void main()
{short c=124;
c=c_____;
printf("%d\n",c);
}
```

若要使程序的运行结果为 248，应在下划线处填入的是_____。

A. >>2　　　　　B. | 248　　　　　C. &0248　　　　　D. <<1

二、填空题（每题 2 分，共 30 分）

1. 一个栈的初始状态为空。首先将元素 5，4，3，2，1 依次入栈，然后退栈一次，再将元素 A，B，C，D 依次入栈，之后将所有元素全部退栈，则所有元素退栈（包括中间退栈的元素）的顺序为___(1)___。

2. 在长度为 n 的线性表中，寻找最大项至少需要比较___(2)___次。

3. 一棵二叉树有 10 个度为 1 的结点，7 个度为 2 的结点，则该二叉树共有___(3)___个结点。

4. 仅由顺序、选择（分支）和重复（循环）结构构成的程序是＿＿＿(4)＿＿＿程序。

5. 数据库设计的四个阶段是：需求分析，概念设计，逻辑设计和＿＿＿(5)＿＿＿。

6. 以下程序运行后的输出结果是＿＿(6)＿＿。

```
#include<stdio. h>
void main()
{inta=200,b=010;
printf("%d%d\n",a,b);
}
```

7. 有以下程序

```
#inctude<stdio. h>
void main()
{int x,y;
scarf("%2d%1d",&x,&y);printf("%d\n",x+y);
}
```

程序运行时输入:1234567,程序的运行结果是＿＿(7)＿＿。

8. 在 C 语言中,当表达式值为 0 时表示逻辑值"假",当表达式值为＿＿＿(8)＿＿＿时表示逻辑值"真"。

9. 有以下程序

```
#include<stdio. h>
void main()
{int i,n[]={0,0,0,0,0};
for(i=1;i<=4;i++)
{n[i]=n[i-1]*3+1;printf("%d",n[i]);}
}
```

程序运行后的输出结果是＿＿＿(9)＿＿＿。

10. 以下 fun 函数的功能是：找出具有 N 个元素的一维数组中的最小值,并作为函数值返回,请填空（设 N 已定义）。

```
int fun(int x[N])
{int i,k=0;
for(i=0;i<N;i++)
if(x[i]<x[k])k=＿＿(10)＿＿;
return x[k];
}
```

11. 有以下程序

```
#include<stdio. h>
int * f (int * P, int * q);
void main ()
{int m=1, n=2, * r=&m;
```

r＝f（r，&n）；printf（"%d＼n"，＊r）；

}

int ＊ f （int ＊ p，int ＊ q)

｛return （＊p＞＊q)? p：q；｝

程序运行后的输出结果是 ___(11)___

12. 以下 fun 函数的功能是在 N 行 M 列的整型二维数组中，选出一个最大值作为函数值返回，请填空（设 M，N 已定义）。

int fun(int a[N][M])

｛int　i,j,row＝0,col＝0；

for(i＝0;i＜N;i++)

for(i＝0;j＜M;j++)

if(a[i][j]＞a[row][col]){row＝i;col＝j;}

return ___(12)___ ：

}

13. 有以下程序

＃include＃＜stdio. h＞

void main()

｛int n[2],i,j；

for(i＝0;i＜2;i++)n[i]＝0；

for(i＝0;i＜2;i++)

for(j＝0;j＜2;j++)n[j]＝n[i]+1；

printf("%d\n",n[1])；

}

程序运行后的输出结果是 ___(13)___ 。

14. 以下程序的功能是：借助指针变量找出数组元素中最大值所在的位置并输出该最大值。请在输出语句处填写代表最大值的输出项。

＃include＜stdio. h＞

void main()

｛int a[10]，＊P，＊s；

for(p＝a;p−a＜10;p++)scanf("%d",p)；

for(p＝a,s＝a;p−a＜10;p++)if(＊p＞＊s)s＝p；

printf("max＝%d\n"，___(14)___；

}

15. 以下程序打开新文件 f. txt，并调用字符输出函数将 a 数组中的字符写入其中，请填空。

＃include＜stdio. h＞

void main()

｛ ___(15)___ ＊fp：

```
char a[5]={'1','2','3','4','5'},i;
fp=fopen("f.txt","w");
for(i=0;i<5;i++)fputc(a[i],fp);
fclose(fp);
}
```

【参考答案】

一、选择题

1. B

【解析】线性表的存储分为顺序存储和链式存储。在顺序存储中，所有元素所占的存储空间是连续的，各数据元素在存储空间中是按逻辑顺序依次存放的。所以每个元素只存储其值就可以了，而在链式存储的方式中，将存储空间的每一个存储结点分为两部分：一部分用于存储数据元素的值，称为数据域；另一部分用于存储下一个元素的存储序号，称为指针域。所以线性表的链式存储方式比顺序存储方式的存储空间要大一些。

2. C

【解析】在栈中，允许插入与删除的一端称为栈顶，而不允许插入与删除的另一端称为栈底。栈跟队列不同，元素只能在栈顶压入或弹出，栈底指针不变，栈中元素随栈顶指针的变化而动态变化，遵循后进先出的规则。

3. D

【解析】软件测试的目的是为了发现程序中的错误，而软件调试是为了更正程序中的错误。

4. A

【解析】软件危机主要表现在以下 6 个方面：

①软件需求的增长得不到满足。

②软件开发成本和进度无法控制。

③软件质量难以保证。

④软件不可维护或维护程序非常低。

⑤软件的成本不断提高。

⑥软件开发生产率的提高赶不上硬件的发展和应用需求的增长。

5. A

【解析】软件生命周期是指软件产品从提出、实现、使用、维护到停止使用、退役的过程。

6. D

【解析】面向对象方法中，继承是使用已有的类定义作为基础建立新类的定义技术。广义地说，继承是指能够直接获得已有的性质和特征，而不必重复定义它们。

7. D

【解析】根据数据之间的联系方式，可以把数据库分为层次型、网状型和关系型数据库，它们是根据数据之间的联系方式来划分的。

8. C

【解析】如果一个工作人员只能使用一台计算机，且一台计算机只能被一个工作人员使用，则关系为一对一；如果一个工作人员可以使用多台计算机，但是一台计算机只能被一个工作人员使用，则关系为一对多；如果一个工作人员可以使用多台计算机，一台计算机也可以被多个工作人员使用，则关系为多对多。

9. C

【解析】概念模式，是由数据库设计者综合所有用户的数据，按照统一的观点构造的全局逻辑结构，是对数据库中全部数据的逻辑结构和特征的总体描述，是所有用户的公共数据视图（全局视图）。它是由数据库管理系统提供的数据模式描述语言（Data Description Language，DDL）来描述、定义的，体现、反映了数据库系统的整体观。

外模式对应于用户级，它是某个或某几个用户所看到的数据库的数据视图，是与某一应用有关的数据的逻辑表示。外模式是从模式导出的一个子集，也称为子模式或用户模式，它是用户的数据视图，也就是用户所见到的数据模式，它反映了用户对数据的要求。包含模式中允许特定用户使用的那部分数据，用户可以通过外模式描述语言来描述、定义对应于用户的数据记录（外模式），也可以利用数据操纵语言（Data Ma-nipulationLanguage，DML）对这些数据记录进行描述。

内模式对应于物理级，它是数据库中全体数据的内部表示或底层描述，是数据库最低一级的逻辑描述，它描述了数据在存储介质上的存储方式和物理结构，对应着实际存储在外存储介质上的数据库。内模式由内模式描述语言来描述、定义，它是数据库的存储观。

10. A

【解析】选择是单目运算，其运算对象是一个表。该运算按给定的条件，从表中选出满足条件的行形成一个新表作为运算结果。投影也是单目运算，该运算从表中选出指定的属性值组成一个新表。自然连接是一种特殊的等价连接，它将表中有相同名称的列自动进行记录匹配。自然连接不必指定任何同等连接条件。

11. C

【解析】C 语言是结构化程序设计语言，顺序结构、选择结构、循环结构是结构化程序设计的三种基本结构，研究证明任何程序都可以由这三种基本结构组成。但是程序可以包含一种或者几种结构，不是必须包含全部三种结构。自从提倡结构化设计以来，goto 就成了有争议的语句。首先，由于 goto 语句可以灵活跳转，如果不加限制，它的确会破坏结构化设计风格。其次，goto 语句经常带来错误或隐患。它可能跳过了某些对象的构造、变量的初始化、重要的计算等语句。goto 语句的使用会使程序容易发生错误并且也不易阅读，所以应避免使用。由三种基本结构构成的程序几乎能解决大部分问题。

12. B

【解析】对于简单程序设计的步骤是首先确定数据结构，然后确定算法，再编码并上机调试，最后整理文档。

13. B

【解析】计算机程序都是编译为二进制的代码，计算机才会执行。

14. B

【解析】选项 A，若 x 和 y 相等，则分母为 0，出现除 0 错误。选项 C，double 类型不能进行取余（％）操作，要求两个运算数必须是整数。选项 D，x＋y＝x 错误。

15. D

【解析】选项 A，1200 中间不能有逗号，否则编译时会认为是 1 或出错。选项 B，2.0 错误，必须为整数。选项 C，要表示字符斜杠常量′\′，应该在反斜杠的前面再加上一个反斜杠。选项 D，字符串常量是用一对双引号括起来的一串字符。

16. D

【解析】第一步 a＝9，然后计算 a－a 的值，并将此值赋给 a，因此此时 a＝0，最后计算 a＋a，并将此值赋给 a，因此最终结果为 0。

17. A

【解析】在 if（）语句的括号是一个合法的 c 语言表达式即可，如果表达式的值为 0，则不执行 if 语句，否则执行 if 语句，而在选项 A 中，符号<>不是 C 语言的合法运算符，如果要表达。大于或小于 b ＋c 可用 a！＝b＋c 或(a>b+c)||(a<b+c)来表达，而不能使用 a<>b＋c。所以它不是一个合法的 C 语言表达式。

18. A

【解析】本题考查 if else 语句。最开始 a＝1，b＝0；此时 if(！a) 不成立，转到执行 else if(a＝＝0)，由于 a＝1，导致对应的语句 if(a)b+＝2;else b+＝3;不会执行，所以 b 的值没有改变，最后执行 printf ("%d＼n"，b)；输出 0。

19. C

【解析】%运算符两边的表达式必须是整型，所以选项 A、B 错误。选项 D 中 switch 后的表达式类型和 case 后的表达式类型不一致。

20. B

【解析】程序的执行过程如下：

a＝1 时，b＝b+a＝3，a＝a+2＝3，b＝b%10＝3；

a＝3 时，b＝b+a＝6，a＝3+2＝5，b＝b%10＝6；

a＝5 时，b＝b+a＝11，a＝a+2＝7，b＝b%10＝1。

此时 a＝7>6 不满足循环条件，退出循环，此时 a＝7，b＝1。

21. B

【解析】在 while 循环中每次变量 y 的值减 1，直到其值等于 0 时退出循环，这时 y 的再减 1 变为－1。

22. C

【解析】本题考查字符变量，s 是字符指针，＊s 为即 s［0］，＊s+2 相当于将指针后移两位，然后取其值。s 后移 2 位则指向字符 t，所以输出 t。

23. B

【解析】sizeof（表达式）的功能是返回"表达式"结果所占机器"字节"的大小。strlen（字串）的功能是计算"字串"中的'＼0'之前的字符个数。二者都可以用来取字符串长度，不同之处在于 sizeof 取到的字符串长度包括字符串结束标记'＼0'，而 strlen 得到的长度则不包括'＼0'，而'＼0'在字符串中是不显示的，所以 sizeof 得到的字符串长度要比 strlen 得到的字符串长度大 1。本题中 sizeof。求得的为数组分配的空间的大小，字符串"STRING"6 个字符再加上最后的'＼0'，为 7 个字符。strlen 遇见 0 或'＼0'结束统计，所以为 0。

24. D

【解析】根据函数 f（int x）的定义可以知，函数 f 每执行一次变量 x 的值乘以 2，所以在主函数中，函数 f 共嵌套执行了 3 次，所以对变量 n 的值连续 3 次乘以 2，所以 m 的值等于 8。

25. C

【解析】选项 A 错在没有对指针进行初始化，无效指针，并且在 scanf（"%d"，&p) 中无需再进行取地址操作。选项 B 没有对指针进行初始化，无效指针。选项 D，语句＊p＝&k；的左端＊p 是指针所指内存空间的值，&k 是地址，应为 p＝&k。

26. C

【解析】int ＊p［2］；首先声明了一个数组，数组的元素是 int 型的指针。int（＊p）［2］；声明了一个指针，指向了一个有两个 int 元素的数组。其实这两种写法主要是因为运算符的优先级，因为［］的优先级比＊高。所以第一种写法，p 先和［］结合，所以是一个数组，后与＊结合，是指针。后一种写法同理。

27. B

【解析】数组说明的一般形式为：类型说明符数组名［常量表达式］；其中类型说明符可以是任一种基本数据类型或构造数据类型，数组名是定义的数组标识符。常量表达式表示数据元素的个数，也就是数组的长度，必须是整型常量。

28. D

【解析】定义数组对，元素个数不能为变量，但可以为常量或常量表达式，或在后面有初始化的情况下空缺。因此选项 D 错误，选项 A、B、C 正确。选项 A 中没有被完全赋值，其中没有赋值的几个默认为 0。

29. D

【解析】C 语言只存在传值调用，形参的改变不会影响实参的改变，调用函数 f，p 指向 a［3］输出 4，但是 r 仍然指向 a［0］输出 1。

30. A

【解析】函数 fun 的功能是对下标为偶数的元素进行从大到小的排序，所以在主函数中执行 fun（aa，7）后，数组 aa 中下标为偶数的数组元素 1，3，5，7 已经按降序排列，变为 7，5，3，1。

31. A

【解析】在 C 语言中要对两个字符串的大小进行比较，就需要调用字符串比较函数 strcmp，如果这个函数的返回值等于 0，说明两个字符串相等。

32. C

【解析】在选项 C 中，不能把 s 所指字符串的结束标志符赋给字符串 t。

33 B

【解析】在字符串中字符′\0′表示字符串的结束标志，所以字符 a 和 b 相连接的结果为 ABCDIJK。

34. C

【解析】函数 fun（char＊p）的功能是如果 p［i］指向的字符为空字符并且其前一个字符是小写字母，则把小写字母变成大写字母，所以在主函数中，执行 fun（s1）后，小写字母 b，d 都改成大写字母。

35. D

【解析】这道试题主要考查了函数 fun（int x）的递归调用，当 x 除以 2 的值大于 1 时，就接着执行函数 fun（x/2），所以在主函数中，当执行 fun（7）时，函数 fun 执行两次，第一次输出 3，第二次输出 7。

36. B

【解析】这道试题主要考查了局部静态变量的应用。在函数 fun（）中定义了局部静态变量整型 x，其初值等于 1，在主函数中循环执行 5 次：第一次变量 s 的值等于 3，变量 x 的值等于 2；第二次变量 s 的值等于 6，变量 x 的值等于 3；第三次变量 s 的值等于 10，变量 x 的值等于 4；第四次变量 s 的值等于 15，变量 x 的值等于 5；第五次变量 s 的值等于 21，变量 x 的值等于 6。

37. A

【解析】a＝b＝c＝（int＊）malloe（sizeof（int））；含义为申请了一个整型的存储空间，让指针 a,b，c 分别指向它，＊a＝1；＊b＝2，＊c＝3；语句的含义为所申请的整型存储空间的内容，＊c＝3 最后执行导致存储空间的内容为 3。a＝b 的含义让指针 a 也指向指针 b 所指向的存储空间，a，b，c 都指向整型的存储空间，里边的内容为 3。

38. C

【解析】在 C 语言的编译系统中，整型变量占用 4 个字节的内存空间，而双精度型变量占用 8 个字节的内存空间。

39. B

【解析】本题考查 typedef，T 是 struct S 的新名称，因此可用 T 定义结构体变量，但是 T 并不是变量，只是 struct S 的新名称。

40. D

【解析】函数的执行结果显示：所要填的语句使得 c 的值翻倍，乘以 2 即可达到这种效果，乘以 2 也即左移 1 位。

二、填空题

1. 1DCBA2345

【解析】栈的特点是先进后出，所以先入栈的元素是 5，4，3，2，1，然后退栈一次，此时元素 1 出栈，接着元素 A，B，C，D，依次入栈，此时栈中的元素从栈底到栈端的顺序是：5432ABCD，之后将所有元素全部退栈，此时出来的元素顺序就是上面元素顺序的逆序，即 DCBA2345，再加上第一次出栈的元素 1，退栈顺序就是 1DCBA2345。

2. n−1

【解析】顺序查找线性表中的最大数，从第一个元素开始两两比较，先比较第 1 个和 2 个，记录下较大的一个元素的下标，再按顺序用线性表中下一个元素与这个较大的元素比较，如果比这个较大的元素大，就把这个大的元素的下标记录下来，依此类推，就可以找到最大的元素了，所以比较的次数至少是 n−1 次。（注意：对于类似递增或递减的有序线性表，通过 1 次比较得到排序方式即可得到最大数，本题不考虑这种情况）

3. 25

【解析】二叉树有一条很重要的性质：度为 0 的结点的个数＝度为 2 的结点的个数＋1。所以总个数为：度为 0 的结点的个数＋度为 1 的结点的个数＋度为 2 的结点的个数＝8＋10＋7＝25。

4. 结构化

【解析】结构化程序设计由顺序、选择（分支）和重复（循环）结构构成。

5. 物理设计

【解析】数据库设计的四个阶段是：需求分析、概念设计、逻辑设计和物理设计。

6. 2008

【解析】本题考查 printf 格式化输出函数的使用。"％d"表示以十进制形式输出，八进制数 010 的十进制表示是 8。

7. 15

【解析】因为在输入函数 scanf（）中定义了整型变量 x，y 的长度，分别为两个整数长度和一个整数长度，所以当输入 1234567，把 12 输给变量 x，把 3 输给变量 y。

8. 非 0

【解析】在 C 语言中，当表达式值为 0 时表示逻辑值"假"，当表达式值为非零时表示逻辑值"真"。

9. 1 4 13 40

【解析】第一次循环，n[1]＝n[0]＊3＋1＝0＊3＋1＝1；

第二次循环，n[2]＝n[1]＊3＋1＝1＊3＋1＝4；

第三次循环，n[3]＝n[2]＊3＋1＝4＊2＋1＝13；

第四次循环，n[4]＝n[3]＊3＋1＝13＊3＋1＝40。

10. i

【解析】本题考查数组相关知识。函数 fun 的功能是：找出具有 N 个元素的一维数组中的最小值，并将最小值返回。在函数 fun（int x [N]）中，变量 k 用来记录最小元素的下标，所以当数组元素 x [i] 小于元素 x [k] 时，把 i 的值赋给变量 k。

11. 2

【解析】函数 ＊f（int ＊p，int ＊q）的功能是返回两个数中较大数的指针，所以主函数中，返回变量 n

的指针，程序运行后的输出结果是 2。

12. a［row］［col］

【解析】fun 函数的功能是在 N 行 M 列的整型二维组中，选出一个最大值作为函数值返回，所以函数最后的返回值应该是数组中值最大的元素。在 a［i］［j］＞a［row］［col］的情况下让 row＝i；col＝j;，所以 row 和 col 用来记录最大值所在的行索引和列索引，所以最后函数的返回值应该是 a［row］［col］。

13. 3

【解析】本题考查 for 循环的相关知识。首先给数组 n 的所有元素都初始化为 0，然后执行 2 次循环。当 i＝0，j＝0 时，n[0]＝n[0]＋1＝1，j＝1 时，n[0]＋1＝2；当 i＝＝1，j＝0 时，n[0]＝n[1]＋1＝3，j＝1时，n[1]＝n[1]＋1＝3，所以最后输出 3。

14. * s

【解析】本题考查指针操作。函数最后要输出的是代表最大值的输出项。首先通过 for 循环获取从键盘输入的 10 个数，并使指针 p 指向第一个数，然后再通过循环判断得到这 10 个数中的最大值。因为在 * p＞* s 的情况下，执行了 s＝p 操作，所以 s 指向数组中的最大值。

15. FILE

【解析】本题考查文件的打开 fopen 函数用来打开一个文件，其调用的一般形式为：文件指针名＝fopen（文件名，使用文件方式）;，其中"文件指针名"必须是被说明为 FILE 类型的指针变量；"文件名"是被打开文件的文件名；"使用文件方式"是指文件的类型和操作要求。"文件名"是字符串常量或字符串数组。

全国计算机等级考试（二级）
C语言程序设计机试样卷

一、程序填空题

给定程序中已建立一个带有头结点的单项链表，链表中的各结点按数据域上的数据从小到大顺序链接。函数 fun 的功能是：把形参的值放入一个新结点并插入到链表中，插入后各结点仍保持从小到大的顺序排列。

请在程序的下划线处填入正确的内容并把下划线删除，使程序得出正确的结果。

注意：源程序存放在考生文件夹下的 BLANK1.C 中。不得增行或删行，也不得更改程序的结构。

```c
#include<stdio.h>
#include<stdio.h>
#define N 8
typedef struct list
{ int data;
  struct list * next;
}SLIST;
void fun(SLIST) * h,int x)
{ SLIST * p, * q, * s;
  s=(SLIST * )malloc(sizeof(SLIST));
/ * * * * * * * * * found * * * * * * * * * * /
  s->data=_____1_____;
  q=h;
  p=h->next;
  while(p! =NULL && x>p->data){
/ * * * * * * * * * found * * * * * * * * * * /
    q=_____2_____;
    p=p->next;
  }
  s->next=p;
/ * * * * * * * * * found * * * * * * * * * * /
    q->next=_____3_____;
}
SLIST * creatlist(int * a)
{ SLIST * h, * p,Iq;int i;
  h=p=(SLIST * )malloc(sizeof(SLIST));
```

```
    for(i=0;i<N;i++)
    { q=(SLIST * )malloc(sizeof(SLIST));
      q->data=a[i];p->next=q;p=q;
    }
    p->next=0;
    return h;
}
void outlist(SLIST * h)
{ SLIST * p;
  p=h->next;
  if(p==NULL)printf("\nThe list is NULL! n\");
  else
  { printf("\nHead");
    do{printf("->%d",p->data);p=p->next;}white(p! =NULL);
    printf("->End\n");
  }
}
void main()
{ SLIST  * head;int X;
  int a[N]={11,12,15,18,19,22,25,29};
  head=creatlist(a);
  printf("\nThe list before inserting:\n");outlist(head);
  printf("\nEnter a number:");scanf("%d",&x);
  fun(head,x);
  printf("\nThe list after inserting:\n");outlist(head);
}
```

二、程序修改题

给定程序 MODI1.C 中函数 fun 的功能是：计算并输出 k 以内最大的 10 个能被 13 或 17 整除的自然数之和。k 的值由主函数传入，若 k 的值为 500，则函数值为 4622。

请改正程序中的错误，使程序得出正确的结果。

注意：不要改动 main 函数，不得增行或删行，也不得更改程序的结构！

```
#include<stdio. h>
int fun(int k)
{ int m=0,mc=0,j,n;
  while((k>=2)&&(mc<10))
  {
/* * * * * * * * * * * found * * * * * * * * * * */
    if((k%13=0)||(k%17=0))
```

```
        {m＝m＋k;me＋＋;}
    k－－;
  }
return m;
/ * * * * * * * * * found * * * * * * * * * /
_____
void main()
{
    printf("%d\n",fun(500));
}
```

三、程序设计题

函数 fun 的功能是：对指定字符在字符串 a 中出现的次数进行统计，统计的数据存入到 b 数组中。其中：字符"a"出现的次数存放到 b [0] 中，字符"b"出现的次数存放到 b [1] 中，字符"c"出现的次数存放到 b [2] 中，字符"d"出现的次数存放到 b [3] 中，字符"e"出现的次数存放到 b [4] 中，其他字符出现的次数存到 b [5] 中。

例如，当 a 中的字符串为"bacd1b＋ddep"，调用函数后，b 中存放的数据应是：1、2、1、3、1、3。

注意：部分源程序存在文件 prog1. c 中。

请勿改动主函数 main 和其他函数的任何内容，仅在函数 fun 的花括号中填入编写的若干语句。

```
#include<stdio. h>
#include<string. h>
void fun(char * a,int b[])
{

}
void main()
{ int i,b[6];char a[100]＝"bacd1b＋ddep";
  fun(a,b)
  printf("The result is:");
  for(i＝0;i<6;i＋＋)printf("%d",b[i]);
  printf("\n");
  NONO();
}
NONO()
{               / * 本函数用于数据读入和结果写入文件,考生无需修改 * /
  FILE * rf. * wf;
  char a[100], * P;
```

```
    int b[6],i,j;
    rf=fopen("in. dat","r");
    in(rf==NULL){
        printf("在考生文件夹下数据文件 in. dat 不存在!");
        return;
    }
    wf=fopen("out. dat","w");
    for(i=0;i<10;i++){
        fgets(a,99,rf);
        p=strchr(a,'\n');
        if(p) * p=0;
        fun(a,b);
        for(j=0;j<6;j++)fprintf(wf,"%d",b[j]);
        fprintf(wf,"\n");
    }
    fclose(rf);
    fclose(wf);
}
```

其中，in. dat 的内容如下：

bacd1b+ddep

dskhkj=-cbdsvcdsvdbbcdssabdeeee

fbdsccvbvsdcbvcbvsbfvbsafsdbfbaeeeefdsfbdb

fsbeeedbfdsbfasafbdsfdsdbcbcdbcbdcbsabeeee

【参考答案】

限于篇幅原因，存此省略。

全国高等学校（安徽考区）计算机水平考试（二级）C语言程序设计笔试样卷（一）及参考答案

一、单项选择题（每题1分，共40分）

1. 计算机能直接执行由_____编写的源程序。

A. 机器语言　　　　B. 汇编语言　　　　C. C语言　　　　　　D. FORTRAN语言

2. 在计算机内存中，每个存储单元都有一个唯一的编号，该编号被称为_____。

A. 标号　　　　　　B. 记录号　　　　　C. 容量　　　　　　D. 地址

3. 将十进制数93转换成八进制数为_____。

A. （107）$_8$　　　　B. （127）$_8$　　　　C. （135）$_8$　　　　D. （140）$_8$

4. Cache（高速缓存）能提高计算机的运行速度，主要原因是_____。

A. 它扩展了内存的容量　　　　　　B. 它缩短了CPU的存取时间

c. 它扩展了外存的容量　　　　　　D. 它提高了计算机的主频

5. 下面关于控制面板的描述中，错误的是_____。

A. 控制面板可以管理硬件，但不可以管理软件

B. 控制面板可以添加、删除程序

C. 控制面板可以添加、删除硬件

D. 控制面板可以更改系统的时间和日期

6. _____是多媒体计算机系统必备的设备。

A. 网卡　　　　　　B. 扫描仪　　　　　C. 显卡　　　　　　D. 打印机

7. 下列属于网络拓扑结构的是_____。

A. 动态型　　　　　B. 静态型　　　　　C. 交叉型　　　　　D. 总线型

8. 若要浏览某个网页，则需要在浏览器的_____中输入网址。

A. 地址栏　　　　　B. 标题栏　　　　　C. 任务栏　　　　　D. 状态栏

9. 使用杀毒软件可以_____。

A. 查出任何已感染的病毒　　　　　B. 查出并清除任何病毒

C. 清除部分病毒　　　　　　　　　D. 清除已感染的任何病毒

10. 计算机操作系统的主要功能是_____。

A. 进行网络连接

B. 管理计算机资源，方便用户使用

C. 实现数据共享

D. 把高级语言的源程序代码转换为目标代码

11. 下列关于C语言程序书写规则说法中正确的是_____。

A. 不区分大小写字母　　　　　　　B. 一行只能写一条语句

C. 一条语句可分成几行书写　　　　D. 每句必须有行号

12. 以下不能作为C语言常量的是_____。

A. 0582　　　　　　B. 2.5e−2　　　　　C. 3e2　　　　　　D. 0xA5

13. 以下不符合标识符规定的是_____。

A. _ sum　　　　　　B. sum　　　　　　C. 3cd　　　　　　D. Void

14. 下列可以正确表示字符常量的是_____。

A. " t"　　　　　　B. ′ \ t′　　　　　C. " \ t"　　　　　D. t

15. 在 C 语言中，要求操作数不能是实型的运算符是_____。

A. %＝　　　　　　B. /＝　　　　　　C. ! ＝　　　　　　D. ＋＋

16. 设有 int　a＝1，b＝2，c＝1；则表达式 a? a＋b：a＋c 的值是_____。

A. 0　　　　　　　B. 1　　　　　　　C. 2　　　　　　　D. 3

17. 设有 int　a＝2，b＝6；则表达式 a * b/5 的值是_____。

A. 2　　　　　　　B. 3　　　　　　　C. 2.4　　　　　　D. 3. 6

18. 已知 int　i；floatf，；则以下正确的语句是_____。

A. (intf)％i　　　　B. int(f)％i　　　　C. int(f％i)　　　　D. (int)f％i

19. 设变量 x，y 均为 int 类型，则下面程序段的输出结果是_____。

    x＝6；
    y＝x＋＋；
    ＋＋y；
    printf("％d",y)；

A. 9　　　　　　　B. 8　　　　　　　C. 7　　　　　　　D. 6

20. 已知 int　a＝6，b＝8，c＝3，；则逻辑表达式 a＞b＆＆＋＋c 运算后，c 的值是_____。

A. 1　　　　　　　B. 2　　　　　　　C. 3　　　　　　　D. 4

21. 已知 int　x＝2，y＝−1，z＝3，；执行下面语句后，z 的值是_____。

    if(x＜y)if(y＜0)z＝1；else　z＋＋；

A. 1　　　　　　　B. 2　　　　　　　C. 3　　　　　　　D. 4

22. 下面程序运行结果是_____。

```
＃include＜stdio. h＞
void main( )
{
    int  a＝1；
    if(! a)
        printf("YES")；
    else
        printf("NO")：
```

A. NO　　　　　　B. YES　　　　　　C. YESNO　　　　　D. 提示运行错误

23. 有以下程序段

```
int  a,b,c；
a＝1；b＝2；c＝3；
```

```
        if(a>b)c=a;b=c;
        printf("a=%d,b=%d,c=%d\n",a,b,c,);
```

程序运行结果为_____。

A. a=1，b=3，c=3   B. a=1，b=3，c=2

C. a=1，b=2，c=3   D. a=2，b=1，c=1

24. for（表达式1;；表达式3）可理解为_____。

A. for（表达式1；0；表达式3）   B. for（表达式1；1；表达式3）

C. for（表达式1；表达式1；表达式3） D. for（表达式1；表达式3；表达式3）

25. 执行语句 for（i=1；i<6；i+=2）;后，变量i的值是_____。

A. 5   B. 6   C. 7   D. 8

26. 有如下程序

```
#include<stdio.h>
void main()
{
    ints=1,i;
    for(i=1;i<=5;i++)
       s=s*i;
    printf("%d\n",s);
}
```

该程序执行后输出_____。

A. 6   B. 120   C. 240   D. 2

27. 运行下面程序

```
#include<stdio.h>
#include<string.h>
void main()
{
    charp[]="12345\0QQ\0";
    print("%d\n",strlen(p));
}
```

输出结果为_____。

A. 8   B. 7   C. 6   D. 5

28. 以下能正确定义一维数组的选项是_____。

A. int num []   B. #define N100 int num［N］

C. int num［0..100］   D. int N=100 int num［N］

29. 下列能正确对字符串 s 进行初始化操作的是_____。

A. char s[5]={'C','H','I','N','A','\o'};

B. char s[5]={"CHINA"};

C. char s[]="CHINA";

D. char s[5];s[0]='c';s[1]='H';s[2]='I';s[3]='N';s[4]='A';s[5]='\0';

30. 若有 int a [3] [4];，则对 a 数组元素非法引用的是_____。

A. a [0] [2+1]　　　　　　　　　　　　B. a [0] [4]

C. ＊（＊（a+2）+3）　　　　　　　　D. a [1] [2]

31. 当调用函数时，若实参是一个数组名，则向函数传送的是_____。

A. 数组的长度　　　　　　　　　　　　B. 数组的首地址

C. 数组每一个元素的地址　　　　　　　D. 数组每个元素中的值

32. C 语言中，如果在定义函数时没有指定的函数的类型，系统会隐含指定为_____型。

A. int　　　　　　　B. char　　　　　　C. float　　　　　　D. static

33. 一个源文件中定义的全局变量的作用域是_____。

A. 本函数的全部范围　　　　　　　　　B. 本程序的全部范围

c. 本文件的全部范围　　　　　　　　　D. 从定义开始至本文件结束

34. 设有以下函数首部

int func(double x[10],int n)

如果在程序中需要对该函数进行声明，则以下选项中错误的是_____。

A. int func(double x[],int n);

B. int func(double,int);

C. intfunc(double x[10],int n);

D. intfunc(double ＊ x,int n);

35. 类型相同的两个指针变量之间不能进行的运算是_____。

A. ＋　　　　　　　B. ＝　　　　　　　C. ＜　　　　　　　D. －

36. 若有 int m=5，n，＊pl=&m，＊p2=&n;，能将 5 赋值给 n 的是_____。

A. p2= ＊ pl;　　　B. ＊ pl= ＊ p2;　　　C. p2=pl;　　　　　D. ＊ p2= ＊ pl;

37. 设有 int a [10] = {1，2，3，4，5，6，7，8，9，10}，＊p=a;，则 p [6] 的值是_____。

A. 5　　　　　　　B. 6　　　　　　　C. 7　　　　　　　D. 8

38. 设有

```
struct student
{
    char name[10]
    int age;
    char sex;
}std={"Li Ming",19,'M'}, ＊ P;
p=&std;
```

则下面各输出语句中错误的是_____。

A. printf("%d",(＊ p). age);　　　　　　B. printf("%d",p->age);

C. printf("%d",std. age);　　　　　　　D. printf("%d",P. age);

39. 已知 int x＝28;，则执行语句 print("%d\n,x<<1); 后的结果为_____。

A. 34   B. 14   C. 70   D. 56

40. 以读写方式打开一个已存在的文本文件 filel. txt，以下选项正确的是_____。

A. FILE * fp;fp＝fopen("filel. txt","r+");

B. FILE * fp;fp＝fopen("filel. txt","w");

C. FILE * fp;fp＝fopen("filel. txt","r");

D. FILE * fp;fp＝fopen("filel. txt","rb+");

二、填空题（每空 2 分，共 20 分）

1. 在 C 语言中整型常数可用十进制、八进制和_____进制三种数制表示。

2. 已知 int i, a;，执行语句 i＝(a＝6,a * 3)，a＋5; 后，变量 i 的值是_____。

3. 已知 int x＝20;，执行语句 x＝x＋6.28; 后，变量 x 的数据类型是_____。

4. 若有 int i;，则执行语句 i＝4>3>2; 后，i 的值为_____。

5. 以下程序段的功能为：从键盘上输入一个正整数 n 并判断其是否为素数，请填空。

```
int n,i;
printf("请输入一个正整数 n:\n");
scanf("%d",&n);
for(i=2;i<=n-1;i++)
    if(n%i==0)break;
if(i _____ n)
    printf("%d 是素数\n",n);
else
    printf("%d 不是素数\n",n);
```

6. 已知 int k＝8;，则下面 while 循环执行的次数为_____。

```
While(k==2)k=k-1;
```

7. 下列程序执行后的输出结果为_____。

```
#include<stdio. h>
#define M(x)   x * (x+1)
void main()
{
    int a=2,b=3;
    printf("%d",M(a+b));
}
```

8. 在 C 标准库函数中，常用的字符串连接函数是_____。

9. 若有如下定义，则变量 w 在内存中所占的字节数是_____。

```
union aa{float x;char c[2];};
struct st{union aa v;float y;double z;}w;
```

10. 若 fp 是指向某二进制文件的指针，且未指到文件末尾，则! feof (fp) 的值是_____。

三、阅读程序题（每小题 4 分，共 20 分）

1. 以下程序的运行结果为_____。

```c
#include<stdio.h>
int main()
{
    char c='A';
    int a=65;
    float f=3.14159
    printf("%d,%c\n",c,c);
    printf("%d,%c\n",a,a);
    printf("%f,%.4f\n",f,f);
    return 0;
}
```

2. 以下程序的运行结果为_____。

```c
#include<stdio.h>
int main()
{
    int i,s=0;
    for(i=1;i<=10;i++)
        switch(i%5)
        {
            case 1:
            case 2:s++;break;
            case 3:
            case 4:s--;break;
            default:s++;
        }
    printf("%d\n",s);
    return 0;
}
```

3. 以下程序的运行结果为_____。

```c
#include<stdio.h>
int main()
{
    int a[2][5],i;
    for(i=0;i<5;i++)
    {
        a[0][i]=i*2;
```

```
            a[1][i]＝i＋2；
        }
        printf("%d\n",a[0][1] * a[1][3])；
        return 0；
    }
```

4. 以下程序的运行结果为_____。

```
    #include＜stdio. h＞
    int fun(int n)
    {
        static int  x＝1；
        int y；
        x＝x＋n；
        y＝x＋n；
        return(x＋y)；
    }
    int main()
    {
        int s；
        s＝fun(1)；
        printf("%d\n",s)；
        s＝fun(s)；
        printf("%d\n",s)；
        return 0；
    }
```

5. 以下程序的运行结果为_____。

```
    #include＜stdio. h＞
    int(int n)
    {
        if(n＝＝0)
            return 0；
        else
            return n＋f(n＋1)；
    }
    int main()
    {
        printf("%d\n",f(－5))；
        return 0；
    }
```

四、编程题（共 20 分）

1. 编写程序计算并输出下面式子的值（要求用循环语句实现）。（7 分）

5＋10＋15＋……＋490＋495＋500

2. 编写程序输出下面图形（要求用嵌套的循环语句实现）。（7 分）

```
        1
       21
      321
     4321
    54321
```

3. 编写程序，将字符串中的所有小写字母转换为大写字母，并统计其中字母的个数。要求输出换后的字符串和字母个数。（6 分）

运行结果如下：

HFLLO 2009，WE ARE READY.

n＝15

程序框架如下：

```
#include<stdio. h>
int main()
{
char s[100]="Hello 2009,We are ready. ";
int n=0;
/*考生在此完善程序*/
……
return 0;
}
```

【参考答案】

一、单选题

ADCBA CDACB CACBA DADCC CAABC BDBCB BADBA DCDDA

二、填空题

1. 十六　2.18　3. int　4.0　5.＞=或==　6.0　7.20　8. strcat()　9.18　10.1

三、阅读程序题

1. 65，A　　2.2　3.10　4.5　5.－15

65. A　　　　　　　19

3.141590，3.1416

四、编程题

1. 程序如下：

```
#include<stdio. h>
void main()
```

```
    {
        int i,s=0;
        for(i=1;i<=100;i++)
          s+=5*i;
        printf("%d",s);
    }
```

2. 程序如下：

```
    #include<stdio.h>
    void main()
    {
        int i,j,k;
        for(i=0;i<5;i++)
        {
            for(j=5-i;j>0;j--)
              printf(" ");
            for(k=i+1;k>0;k--)
              printf("%d",k);
            printf("\n");
        }
    }
```

3. 程序如下：

参考答案（1）：

```
    #include<stdio.h>
    int main()
    {
        char s[100]="Hello 2009,We are ready. ";
        int n=0;
        char *P;
        for(p=s;p<s+100;p++)
        {
            if((*p>='a'&&*p<='z')||(*p>='A'&&*p<='Z')
              n++;
            if(*p>='a'&&*P<='z')
              *p=*p-32;
            if(*p=='\0')
              break;
        }
        printf("%s",s);
        printf("%d",n);
        return 0;
    }
```

参考答案（2）：

```c
#include<stdio.h>
int main()
{
    char s[100]="Hello 2009,We are ready. ";
    int i,n=0;
    for(i=0;i<=100;i++)
    {
        if((s[i]>='a'&&s[i]<='z')||(s[i]>='A'&&s[i]<='z'))
            n++;
        if(s[i]>='a'&&s[i]<='z')
            s[i]=s[i]-32;
        if(s[i]=='\0')
            break;
    }
    printf("%s\n",s);
    printf("n=%d\n",n);
    return 0;
}
```

全国高等学校（安徽考区）计算机水平考试（二级）C语言程序设计笔试样卷（二）及参考答案

一、单项选择题（每题1分，共40分）

1. 计算机系统中存储信息的基本单位是_____。

A. 位　　　　　　　B. 字节　　　　　　C. 字　　　　　　D. 字符

2. 超市使用的POS机收费系统，属于计算机在_____方面的应用。

A. 数据处理　　　　B. 科学计算　　　　C. 实时控制　　　D. 计算机辅助

3. 下面是PC机常用的四种外设接口，其中U盘、移动硬盘、MP3、MP4等均能连接的接口是_____。

A. RS−232　　　　B. IEEE−1394　　　C. USB　　　　　D. IDE

4. 下面各种进制的数据中，最大数是_____。

A. $(1000010)_2$　　B. $(67)_{10}$　　　C. $(77)_8$　　　　D. $(3A)_{16}$

5. 下列关于Windows操作系统通配符的说法中，正确的是_____。

A. ? 代表多个字母　　　　　　　　B. * 代表多个字母

C. ? 代表任意多个字符　　　　　　D. * 代表任意多个字符

6. 某电子邮件地址为 wyg@163.com，其牛 wyg 是_____。

A. 域名　　　　　　B. 地区名　　　　　C. 用户名　　　　D. 国家名

7. 多媒体计算机是指_____。

A. 安装了光驱并具有较高运算能力的计算机

B. 安装了多种媒体播放软件的计算机

C. 能够处理音频视频等多媒体信息的计算机

D. 能够访问 Internet 的计算机

8. 下列选项中_____不是有效信息安全控制方法。

A. 用户口令设置　　B. 用户权限设置　　C. 数据加密　　　D. 增加网络宽带

9. 下列选项中，防止U盘感染病毒的有效方法是_____。

A. 对U盘进行读写保护　　　　　　B. 对U盘进行分区

C. 保持U盘的清洁　　　　　　　　D. 不要与有病毒的U盘放在一起

10. 编程属于软件开发过程中的_____阶段。

A. 实现　　　　　　B. 定义　　　　　　C. 分析　　　　　D. 维护

11. C语言程序总是从_____开始执行。

A. 第一条语句　　　　　　　　　　B. 第一个函数

C. main 函数　　　　　　　　　　　D. ♯includ<stdio.h>

12. 下列_____是正确赋值语句。

A. 10=k　　　　　　B. k=k * 15　　　　C. k+47=k　　　D. k=7=6+1

13. 下列程序段输出的结果是_____。

```
int m＝7,n
n＝m＋＋
printf("%d,%d\n",n,m)
```
A. 7，8　　　　　　　　B. 7，7　　　　　　　　C. 8，7　　　　　　　　D. 8，8

14. 下列不能作为变量的是_____。

A. abc　　　　　　　　B. x39　　　　　　　　C. NBA　　　　　　　　D. for

15. 设有 int a＝2，b＝6；则有表达式 a＊b/5 的值是_____。

A. 2　　　　　　　　　B. 3　　　　　　　　　C. 2.4　　　　　　　　D. 3.6

16. 设有 int y＝0；执行语句中 y＝5，y＊2；后变量 y 的值是_____。

A. 0　　　　　　　　　B. 2　　　　　　　　　C. 5　　　　　　　　　D. 10

17. 设有 float a＝7.5，b＝3.0；则表达式(int)a/(int)b 的值是_____。

A. 2.4　　　　　　　　B. 2.5　　　　　　　　C. 3　　　　　　　　　D. 2

18. 设有 int a＝2，b＝3，c＝4；则逻辑表达式 a＜b‖－－c 运算后，c 的值是_____。

A. 2　　　　　　　　　B. 3　　　　　　　　　C. 4　　　　　　　　　D. 5

19. 设有 int a；char ch［80］；则下列选项中正确的输入语句是_____。

A. scanf("%d%s",&a,ch[80]);　　　　　　B. scanf("%d%s",&a,ch);

C. scanf("%d%s",a,ch);　　　　　　　　D. scanf("%d%s",a,&ch);

20. 若变量 c 为 char 型，下列选项中能正确判断出 c 为小写字母的表达式是_____。

A. 'a'＜=c＜='z'　　　　　　　　　　　B. c＞='a'‖c＜='z'

C. 'a'＜=c and'z'＞=c　　　　　　　　D. c＞='a'&&c＜='z'

21. 设有 int x，y，z；则下列选项中能将 x，y 中较大者赋给变量 z 的语句是_____。

A. if（x＞y）z＝y；　B. if（x＜y）z＝x；　C. z＝x＞y? x：y；　D. z＝x＜y? x：y；

22. 运行下列程序

```
#include＜stdio. h＞
void main()
{char c＝'y';
if(c＞='x')printf("%c",c);
if(c＞='y')printf("%c",c);
if(c＞='z')printf("%c",c);
}
```

输出结果是_____。

A. y　　　　　　　　　B. yy　　　　　　　　　C. yyy　　　　　　　　D. xy

23. 下列叙述正确的是_____。

A. 在 switch 语句中，不一定使用 break 语句

B. break 语句必须与语句 switch 中 case 配合使用

C. 在 switch 语句中必须使用 break 语句

D. break 语句只能用于 switch 语句

24. 执行语句 for（i＝1；i＜9；i＋3）；后变量 i 的值是_____。

A. 8 　　　　　　　B. 9 　　　　　　　C. 10 　　　　　　　D. 11

25. 下列选项能正确定义并初始化二维数据组的是_____。

A. int a[ ][3]＝{1,2,3,4,5,6};

B. int a[ ][ ]＝{1,2,3,4,5,6};

C. int a[2][ ]＝{1,2,3,4,5,6};

D. int a[2][3]＝"123456";

26. 设有 char array [ ]＝" welcom"，则数组 array 所占存储单元是_____。

A. 6 字节 　　　　B. 7 字节 　　　　　C. 8 字节 　　　　　D. 9 字节

27. 下列程序段输出结果是_____。

```
char s[]="\\\x41xyz";
printf("%d\n",strlen(s));
```

A. 5 　　　　　　　B. 8 　　　　　　　C. 9 　　　　　　　D. 10

28. 设有 int m[ ]＝{5,4,3,2,1}，i＝4;，则下列对数组 m 元素的引用错误的是_____。

A. m[i] 　　　　　B. m[4] 　　　　　C. m[m[0]] 　　　　D. m[m[i]]

29. 设有函数调用语句 fun （ (al，a2)，(a3，a4，a5)，a6); 则该调用语句中实参的个数是_____。

A. 6 　　　　　　　B. 5 　　　　　　　C. 4 　　　　　　　D. 3

30. 设以下函数首部

int func(double x[100],int n)

如果在程序中需要对该函数进行声明，则下列选项中错误的是_____。

A. int func(double x[ ],int n)

B. int func(double,int n)

C. int func(double a[100],int b)

D. int func(double ∗ x,int n)

31. C 语言规定，函数返回值的类型由_____决定。

A. return 语句中的表达式值的类型

B. 调用该函数的主调函数类型

C. 调用函数时传递的实参类型

D. 定义该函数时指定的函数类型

32. 若要说明 a 是整型变量，pa 为指向 a 的整型指针变量，则下列选项中正确的是_____。

A. int a，∗ pa＝&a; 　　　　　　　　　B. int a，pa＝&a;

C. int a，∗ pa＝a; 　　　　　　　　　　D. int ∗ pa＝&a，a;

33. 设有 int s[ ]＝{1,3,5,7,9}，∗ p＝s;则下列选项中值为 7 的表达式_____。

A. ＊p＋2　　　　　B. ＊p＋3　　　　　C. ＊(p＋3)　　　　　D. ＊(p＋2)

34. 对于类型相同的两个指针变量之间，能进行的运算是_____。

A. %　　　　　　B. ＝　　　　　　C. !　　　　　　D. /

35. 设有 struct student

　　{char name[21]；

　　int age；

　　char sex；

　　}std＝{"Li Ming",19,'M'}，＊p；

　　P＝&std；

则下列输出语句中错误的是_____。

A. printf("%d",(＊p). age)；　　　　　　B. printf("%d",p->age)；

C. printf("%d",std. age)；　　　　　　D. printf("%d",p. age)；

36. 设有

　　union data

　　{int i；char c；float f；}a；

　　int b；

则下列叙述中正确的是_____。

A. a＝1. 6；　　　B. a. c＝'\101'；　　　C. b＝a　　　D. printf("%d\n",a)；

37. 设有

　　Typedef struct ABC

　　{long a；int b； char c [2]；} NEW；

则下列叙述中正确的是_____。

A. 以上说明形式非法　　　　　　B. ABC 是一个结构体变量

C. NEW 是一个结构体类型名　　　　　　D. NEW 是一个结构体变量

38. 设有 int x＝28；，则执行语句 printf("%d\n",x≫2)；后的输出结果是_____。

A. 7　　　　　　B. 14　　　　　　C. 28　　　　　　D. 56

39. C 语言中，根据数据的组织方式，文件可分为 ASCII 文件和_____

A. 二进制文件　　　B. 只读文件　　　C. 只写文件　　　D. 随机文件

40. 以读写方式打开一个已存文件 data. txt，下列选项中正确的是_____

A. FILE ＊ fb；fb＝fopen("data. txt","rb＋")

B. FILE ＊ fb；fb＝fopen("data. txt","w")

C. FILE ＊ fb；fb＝fopen("data. txt","r")

D. FILE ＊ fb；fb＝fopen("data. txt","r＋")

二、填空题（每空 2 分，共 20 分）

1. 结构化程序设计的三种基本结构分别是：顺序结构、_____和循环结构。

2. 设有 int a＝65；执行语句 printf("%x\n",a)；后输出的结果是_____。

3. 设有 double x＝56. 789；则执行语句 printf("%. 2f\n",x)；后的输出结果是_____。

4. 设有 int a＝27；则执行语句 a％＝4；后 a 的值是_____。

5. 设有 int a[3][4]＝{{1,2},{0,1},{4,6,8,10}}；则 a[1][1]＋a[2][2] 的值是_____。

6. C 标准库函数中，常用的字符串比较函数是_____。

7. 表示变量存储方式的关键字有 auto. _____. register 和 extern.

8. 下列程序的输出结果是_____。

```
♯include＜stdio. h＞
void main( )
{char s[]＝{"computer"}, * p＝s;
printf("％c", * p＋5);
}
```

9. 设有 ♯define M(x)x * x，则有 M（1＋2）的值是_____。

10. 设有 enum weekday{Sunday，Monday，Tuesday，Wednesday，Thursday，Friday，Saturday}；则枚举元素 Sunday 对应的数值是_____。

三、阅读程序题（每题 4 分，共 20 分）

1. 运行以下程序时从键盘输入 2010，其运算结果是_____。

```
♯include＜stdio. h＞
void main( )
{
int year,leap＝0;
scanf("％d",&year);
if((year％4＝＝0&&year％100! ＝0)||(year％400＝＝0))leap＝1
if(1eap＝＝1)printf("％d is a leap year! \n",year);
else printf("％d is not a leap year! \n",year);
}
```

2. 以下程序运行的结果是_____。

```
♯include＜stdio. h＞
void main( )
{char ch＝'c';
switch(ch)
{case'a':
case'A':
case'b':
case'B':printf("good! \n");break;
case'c'
case'C':printf("pass! \n");break;
case'd'
case'D':printf("warning! \n");break;
```

```
        default:pruntf("error! \n");
        }
    }
```

3. 以下程序运行的结果是_____。

```
    #include<stdio. h>
    void main()
    {
        char s[]="i/love/c/programming/";
        int i,num;
    num=0:
    for(i=0;s[i]! ='\0';i++)
        if(s[i]! ='/'&&s[i+1]=='/')num++
     printf("num=%d\n",num);
    }
```

4. 以下程序运行的结果是_____。

```
    #include<stdio. h>
    int f(int n)
    {
        int m;
        if(n==0||n==1)m=3;
        else m=n*n-f(n-2);
        return(m);
    }
    void main()
    {
        int n=4,m;
        m=f(n);
        printf("n=%d,m=%d\n",n,m);
    }
```

5. 以下程序运行的结果是_____。

```
    #include<stdio. h>
    void main()
    {
        char a[]="ABCDEFGH",b[]="abCDefGh";
        char * p1, * p2;
        printf("%s\n",a);
        printf("%s\n",b);
        for(p1=a,p2=b; * p1! ='\0';p1++,p2++)
```

```
        if( * p1 = = * p2)printf("%c", * p1);
        printf("\n");
    }
```

四、编程题（第 1 题 6 分，第 2、3 题各 7 分，共 20 分）

1. 输入两个正整数 a 和 b，如果 a 能被 b 整除，输出商，否则输出商和余数。

2. 利用循环语句编写程序，计算 s＝1＋11＋111＋1111＋11111，并输出结果。

3. 输入 10 位学生成绩，输出学生成绩及其对应的名次。

例如，下面 10 位学生的成绩及计算后对应的名次：

成绩	90	85	90	95	80	88	70	100	95	95
名次	5	8	5	2	9	7	10	1	2	2

其中 95 分排名第 2，由于有 3 个 95 分，下一个较小的成绩 90 分则排名第 5。

说明： 算法及输出形式不限，相同的成绩及名次可以不重复输出。

【参考答案】

一、单项选择题

BACBD CCDAA CBADA CDCDD CBACA BACDB DACBD BCAAA

二、填空题

1. 选择结构　2. 42　3. 56.79　4. 3　5. 9　6. strcmp（）　7. static　8. 't'　9. 5　10. 0

三、阅读理解

1. 2010 is not a leap year!

2. pass!

3. num＝4

4. n＝4，m＝15

5. CDG

四、编程题

1. 程序如下：

```
# include<stdio. h>
void main()
{
    int a,b;
    printf("输入两个正整数 a 和 b:");
    scanf("%d%d",&a,&b);
    if(a%b= =0)
        printf("%d",a/b);
    else
        printf("%d,%d",a/b,a%b);
}
```

2. 程序如下：

```
# include<stdio. h>
```

127

```c
void main()
{
    int i,t=0,s=0;
    for(i=0;i<5;i++)
    {
        t=10*t+1;
        s+=t;
    }
    printf("%d\n",s);
}
```

3. 程序如下：

```c
#include<stdio.h>
void main()
{
    int t,n=1,i,j,score[10],num[10];
    printf("请输入 10 名学生的成绩:");
    for(i=0;i<10;i++)
        scanf("%d,",score[i]);
    for(i=0;i<10;i++)
        for(j=i+1;j<10;j++)
            if(score[i]<score[j])
            {
                t=score[i];
                score[i]=score[j];
                score[j]=t;
            }
            for(i=0;i<10;i++)
                for(j=i+1;j<10;j++)
                {
                    if(score[i]==score[j])
                    {
                        num[i]=n;
                        num[j]=n;
                    }
                    else
                    {
                        num[i]=n;
                        n++;
                        num[j]=n;
                    }
                }
    for(i=0;i<10;i++)
    printf("score=%d,num=%d\n",score[i],num[i]);
}
```

全国高等学校（安徽考区）计算机水平考试（二级）C 语言程序设计笔试样卷（三）及参考答案

一、单项选择题（每题 1 分，共 40 分）

1. 在计算机领域中通常用来描述计算机的_____。

A. 运算速度　　　　B. 内存容量　　　　C. 分辨率　　　　D. 主频

2. 下面属于计算机输出设备的是_____。

A. 显示器　　　　B. 鼠标　　　　C. 键盘　　　　D. 扫描仪

3. 微型计算机在工作中突然断电，则_____中的信息全部丢失。

A. 硬盘　　　　B. RAM　　　　C. ROM　　　　D. 光盘

4. 若 X 是二进制数 1011，Y 是十进制数 13，Z 是十六进制数 1D，则 X、Y、Z 从大到小的顺序是_____。

A. ZYX　　　　B. YZX　　　　C. XYZ　　　　D. ZXY

5. 在 Windows 中，下面关于删除文件的描述错误的是_____。

A. U 盘上的文件被删除后，不能从回收站中还原

B. 可以不经过回收站直接将文件删除

C. 可以将文件先复制到回收站，需要时再将其从回收站还原

D. 利用"清空回收站"选项可以把回收站的文件删除

6. 下面关于 E－mail 功能的描述中，错误的是_____。

A. 在发送电子邮件时，可以同时发送多人

B. 在发送电子邮件时，可以发送附件

C. 在接收电子邮件时，可以将附件下载到本地计算机上

D. 在接收电子邮件时，必须将附件下载到本地计算机上

7. 为减少多媒体数据所占空间，常采用_____技术。

A. 高速缓冲　　　　B. 数据压缩　　　　C. 多通道　　　　D. 流媒体

8. http：//www. ahedu. gov. cn 中的"http"指的是_____。

A. 计算机主机域名　　　　　　B. 文件传输协议

C. 超文本传输协议　　　　　　D. TCP/IP 协议

9. 下面关于计算机病毒的描述中，正确的是_____。

A. 计算机病毒不能感染安装了杀毒软件的计算机系统

B. 计算机病毒只能通过网络传播

C. 计算机病毒不能感染加密或压缩后的文件

D. 计算机病毒可以通过 U 盘进行传播

10. 下面系统软件中，最核心的是_____。

A. 编译系统　　　　　　　　B. 语言处理系统

C. 操作系统　　　　　　　　D. 数据库管理系统

11. 下列定义变量的语句中错误的是_____。

A. int—abc;　　　　B. double int;　　　　C. char For;　　　　D. float USMYM;

12. 设有 intx＝3，y＝4;，以下不合法的 C 语言语句是_____。

A. x＝y＝＝5;　　　B. x＝y％2.8;　　　C. x＝y＝5;　　　D. x＋＝x＋2;

13. 下列可以正确表示字符常量的是_____。

A. ′\x41′　　　　　B. \008　　　　　C. a　　　　　D. "a"

14. 设有定义：intk＝0;，以下值为 0 的表达式是_____。

A. k—1　　　　　B. k—＝1　　　　　C. k——　　　　　D. ——k

15. 下列常数中不能作为 C 语言常量的是_____。

A. 0xA5　　　　　B. 2.5e−2　　　　　C. 3e2　　　　　D. 0582

16. 设有 float f1＝2.6，f2＝2.5;，则表达式（int）f1＋f2 的值为_____。

A. 5　　　　　　B. 4.5　　　　　C. 4　　　　　D. 5.5

17. 设变量 x，y，z，均为 int 类型，则以下程序段的输出结果是_____。

```
x＝y＝6;
z＝x，＋＋y;
printf("％d",z);
```

A. 9　　　　　　B. 8　　　　　C. 7　　　　　D. 6

18. 设有 inta＝2，b＝1，c＝3，d＝4;则表达式 a＞b? a＋b：c＋d 值为_____。

A. 1　　　　　　B. 2　　　　　C. 3　　　　　D. 7

19. 设有 int a＝5，b＝6，c＝2;，则表达式 a＜b? c：c＝c＋1 运算后，c 的值为_____。

A. 0　　　　　　B. 1　　　　　C. 2　　　　　D. 3

20. 若变量 c 为 char 类型，以下不能正确判断其为大写字母的表达式是_____。

A. ′A′＜＝c＜＝′Z′　　　　　　　B. c＞＝′A′＆＆c＜＝′Z′

C. (c＋32)＞＝′a′＆＆(c＋32)＜＝′z′　　D. !(c＜′A′‖c＞′Z′)

21. 若从键盘上输入 88＜回车＞后，以下程序的输出结果是_____。

```
♯include＜stdio.h＞
void main()
{inta;
 Scanf("％d",a);
 if(a＞90)printf("％d",a);
 if(a＞80)printf("％d",a);
 if(a＞70)printf("％d",a);
}
```

A. 888888　　　　B. 8888　　　　C. 88　　　　D. 8

22. 以下程序段的输出结果是_____。

```
inta＝2,b＝1,c＝2;
if(a＜b)if(b＜0)c＝0;else c＋＝1;
printf("％d\n",c);
```

A. 0　　　　　　　　B. 1　　　　　　　　C. 2　　　　　　　　D. 3

23. 语句 while（! w）; 中的表达式! w 等价于_____。

A. w＝＝1　　　　B. w＝＝0　　　　C. w! ＝1　　　　D. w! ＝0

24. 以下程序段的输出结果是_____。

```
int a＝1,b＝2,c＝3,t;
While(b＜c)
{
    t＝a;a＝b;b＝t;
    c－－;
}
Print("%d",%d,%d,a,b,c,);
```

A. 1，2，3　　　　B. 2，1，2　　　　C. 1，2，1　　　　D. 2，1，1

25. 以下能正确定义和初始化一维数组 a 的选项是_____。

A. int a[5]＝{0,1,2,3,4,5};　　　　　　B. int a[]＝"01234";

C. int a[5]＝('A','B','C');　　　　　　D. int a[]＝{1,2,3,4,5};

26. 函数 strlen("1234\0ab\0c") 的返回值是_____。

A. 4　　　　　　　　B. 5　　　　　　　　C. 8　　　　　　　　D. 9

27. 若有说明：int a[4][5];，则对数组 a 的元素的非法引用是_____。

A. a[0][2*2]　　　　　　　　　　　　B. *(*(a+1)+2)

C. a[4-2][0]　　　　　　　　　　　　D. a[0][5]

28. 判断字符串 s1 是否大于字符串 s2，正确的表达式是_____。

A. s1＞s2　　　　　　　　　　　　　B. strcat(sl,s2)

C. strcpy(sl,s2)　　　　　　　　　　D. strcmp(sl,s2)＞0

29. 在 C 语言中，函数返回值的类型取决于_____。

A. 函数定义中在函数首部所说明的类型

B. 在 return 语句中表达式的类型

C. 调用函数时主调函数所传递的实参的类型

D. 函数定义中形参的类型

30. 若从键盘上输入 3，4＜回车＞后，则以下程序的输出结果是_____。

```
#includ＜stdio. h＞
void swap(int x,int y)
{int t;
T＝x;x＝y;y＝t;
(printf"%d,%d,",x,y);
}
void main()
{int a,b;
Scanf("%d,%d",&a,&b);
```

```
        Swap(a,b);
        printf("%d,%d\n",a,b);
    }
```

A. 3，4，3，4　　　　B. 4，3，3，4　　　　C. 4，3，4，3　　　　D. 3，4，4，3

31. 一个源文件中定义的全局变量的作用域是_____。

A. 本函数的全部范围　　　　　　　　B. 从定义开始至本文件结束

C. 本文件的全部范围　　　　　　　　D. 本程序的全部范围

32. 下列关于 C 语言函数的说法中正确的是_____。

A. 函数可以嵌套定义　　　　　　　　B. 函数不可以嵌套定义

C. 函数可以嵌套调用，但不能递归调用　　D. 函数嵌套调用和递归调用均可以

33. 有如下程序段

```
    int a=10，b=2，* p；
    P=&a；a=* p+b；
```

执行该程序段后，a 的值为_____。

A. 12　　　　　　　　B. 11　　　　　　　　C. 10　　　　　　　　D. 编程出错

34. 设有 int　a[10]={1,2,3,4,5,6,7,8,9,10}，* p=a，则 P[5] 的值是_____。

A. 5　　　　　　　　B. 6　　　　　　　　C. 7　　　　　　　　D. 8

35. 运行程序

```
    #include<stdio. h>
    void func(int　x,int * y)
    {x=x+1；* y= * y+1；}
    void main()
    {inta=10,b=20；
     func(a,&b)；
     printf("%d,%d\n",a,b)；
    }
```

输出结果是_____。

A. 10，20　　　　　　B. 11. 21　　　　　　C. 10，21　　　　　　D. 11，20

36. 若有定义 char str[]="uvwxyz"，* p=str；则执行语句 printf("%c\n",* (p+3))后的输出结果是_____。

A. x　　　　　　　　　　　　　　　　B. xyz

C. 元素 str [3] 的地址　　　　　　　　D. 字符 x 的地址

37. 以下程序的输出结果是_____。

```
    #define MUL(x)x * x
    #include<stdio. h>
    void main()
    { inta=4,b=2；
      printf("%d\n",MUL(a)/MUL(b)；
```

}

A. 4　　　　　　　　B. 8　　　　　　　　C. 16　　　　　　　　D. 32

38. 以下类型说明和变量定义中正确的是_____。

A. typedef struct　　　　　　　　　　B. struct REC;
　　{int n;char c;}REC;　　　　　　　　　{int n;char c;}REC
　　REC tl,t2;　　　　　　　　　　　　　REC t1,t2;

C. typedef struct REC;　　　　　　　　D. struct{int n;char c;}REC;
　　{int n＝0;char c＝'A';}t1,t2　　　　　REC t1,t2;

39. 已知 int x＝56;，则执行语句 print{("%d\n",x≫2);后的输出结果为_____。

A. 34　　　　　　　　B. 14　　　　　　　　C. 224　　　　　　　　D. 56

40. 若要用 fopen（）函数以读写方式打开一个已存的二进制文件，则打开方式是_____。

A. " a"　　　　　　　B. " web＋"　　　　　C. " ab"　　　　　　D. " rb＋"

二、填空题（每空 2 分，共 20 分）

1. 已知 charc＝" A";则执行语句 printf("%d", c);后的输出结果为_____。

2. 已知 double x＝56.78;，则执行语句 printf（"%1.1f\n;,x）;后的输出结果为_____。

3. 已知 int a＝2，b＝3;，则执行语句 a＊＝b＋4;后，a 的值为_____。

4. 已知 double x＝1，y;，则表达式 y＝x＋3/2 的值为_____。

5. 数学表达式 1≤x≤3 的 C 语言表达式为_____。

6. 已知 intk＝−5;，则下面 while 循环执行的次数是_____。
　　While(k≤=0)k=k+1;

7. 以下程序段的输出结果为_____。
　　char s[]＝"Heiio,World";
　　s[5]＝'\0';
　　p＋rintf("%s",s);

8. 若有定义：union{long x[2];char y[6];}m;，则执行语句 printf("%d\n",sizeof(m));后的输出结果为_____。

9. 在 C 语言中，若需调用数学库函数对数据进行处理，则需包含头文件_____。

10. 已知文件指针 fp 指向某文件的末尾，则! feof(fp) 的值是_____。

三、阅读程序题（每题 4 分，共 20 分）

1. 以下程序的运行结果为_____。
```
#include<stdio. h>
void main()
{
int i,a＝0,b＝0,c＝0;
for(i=1;i<5;i++)
```

```
   switch(i)
   {
      case1:a++;
      case2:b++;
      case3:a+++;b++;break;
      default:c++;
   }
   printf("a=%d,b=%d,c=%d\n",a,b,c);
}
```

2. 以下程序的运行结果为_____。

```
#include<stdio. h>
void main()
{
   int s=0,x=5639;
while(x>0)
{
   s=s+x%10;
   x=x/10;
}
printf("%d\n",s);
}
```

3. 以下程序的运行结果为_____。

```
#include<stdio. h>
void main()
{
   Char s[]="PROGRAM";
   int i,j=0;
   for(i=1;s[i]! ="\O";i++)
      if(s[j]>s[i])j=i;
   printf("%c\n",s[j]);
}
```

4. 以下程序的运行结果为_____。

```
#include<stdio. h>
int funl (intx)
 {
   static int s=1;
   s=s*x;
   return (s);
```

```
}
void main ()
  {
    int i;
    for (i=1; i<=4; i++)
    printf ("%d \ n", fun1 (i));
  }
```

5. 以下程序的运行结果为_____。

```
#include<stdio. h>
int fun2(int n)
{
  if(n==1)
    return(1);
  else
    return(n+fun2(n-1));
}
void main()
{
  printf("%d\n",fun2(5));
}
```

四、编程题（共 20 分）

1. 设计程序计算并输出 2009～9002 之间所有 29 或 92 的倍数的和（6分）。
（要求用循环语句实现）

2. 设计程序，输出下面图形（要求用循环语句实现）（7分）。

```
        9
       09
      009
     2009
```

3. 设计一个转换函数，将字符数组中的字母变换为其字母表顺序后的字母，如果是 'Z' 或 'z'，则分别变成 'A' 或 'a'，非字母字符不变，即：

'a'→'b','b'→'c', …,'y'→'z','z'→'a'

'A'→'B','B'→'C', …,'Y'→'Z','Z'→'A'

函数框架如下：

```
void Change(char s[])
  {
  ……
  }
```

例如：

对于字符数组：char a[]="t&w"，B[]="w&Z"；

转换后的结果分别为：u&X 和 x&A。

请完成……处的程序代码。

【参考答案】

一、选择题

AABAC　DBCDD　DBACD　ADCCA　BDDCD　ADDAB　BDABA　AABBD

二、填空题

1. 65　2. 56. 8　3. 14　4. 2. 0　000　5. x>=1&&x<=3　6. 6　7. Heiio　8. 14　9. math. h　10. 0

三、阅读程序题

1. a=4，b=5，c=1　2. a=23　3. A　4. 1　5. 15

　　2

　　6

　　24

四、编程题

1.
```c
#include<stdio. h>
void main()
{long s=0;
 int i;
 for(i=2009;i<=9002;i++)
 if(i%29==0 || i%92==0)
   s=s+i;
 printf("%1d\n",s);
}
```

2.
```c
#include<stdio. h>
void main()
{
   char * s="2009"；
   int i;
   for(i=3;i>=0;i——)
   printf("%s\n",s+i);
}
```

3.
```c
void Change(char s[])
{ for(;* s! ='\0';s++)
  if(* s>='a'&&* s<'z') * s=* s+1;
    else if(* s>='A'&&* s<'Z') * s=* s+1;
      else if(* s=='Z') * s='A';
        else if(* s=='z') * s='a';
```

全国高等学校（安徽考区）计算机水平考试（二级）
C 语言程序设计笔试样卷（四）及参考答案

一、单项选择题（每题 1 分，共 40 分）

1. 计算机能够自动工作，主要是因为采用了_____。

A. 二进制数制　　B. 大规模集成电路　　C. 程序设置语言　　D. 储存程序控制原理

2. 下列数值中最大的是_____。

A. $(10110)_2$　　　B. $(120)_8$　　　　C. $(70)_{10}$　　　　　D. $(3A)_{16}$

3. 在计算机指令系统中，一条指令通常由_____组成。

A. 数据和字符　　　　　　　　B. 操作码和操作数

C. 计算符和数据　　　　　　　D. 被运算数和结果

4. 计算机主要是由_____组成。

A. 算术逻辑单元　　　　　　　B. 微处理器

C. 控制器　　　　　　　　　　D. 存储器

5. 下列关于 Windows "回收站" 的叙述中，不正确的是_____。

A. "回收站" 中的信息可以清除　　B. "回收站" 中的信息可以还原

C. "回收站" 的大小可以设置　　　D. "回收站" 不占用硬盘空间

6. 多媒体信息不包括_____。

A. 文字、图形　　B. 音频、视频　　C. 光驱、声卡　　　D. 影像、动画

7. 学校机房的若干台计算机连接而成的网络通常属于_____。

A. WAN　　　　　B. LAN　　　　　C. MAN　　　　　　D. GPS

8. FTP 是_____。

A. 发送电子邮件的软件　　　　　B. 浏览网页的工具

C. 文件传输协议　　　　　　　　D. 聊天工具

9. 下列关于计算机病毒的叙述中，不正确的是_____。

A. 计算机病毒只破坏硬件，不破坏软件

B. 计算机病毒是人为编写的一种程序

C. 计算机病毒能通过磁盘、网络等媒介传播、扩散

D. 计算机病毒具有潜伏性、传染性和破坏性

10. 下列关于算法的叙述中，正确的是_____。

A. 算法就是对特定问题求解步骤的描述　B. 算法就是程序

C. 算法就是软件　　　　　　　　D. 算法没有优劣之分

11. 一个可编译运行的 C 语言源程序中，_____。

A. 主函数有且仅有一个　　　　　B. 可以有多个主函数

C. 必须有除主函数以外的其他函数　D. 可以没有主函数

12. 机构化程序设计所规定的三种基本原则控制结构_____。

A. 输入、处理、输出 　　　　　　　　B. 树形、网形、环形

C. 顺序、选择、循环 　　　　　　　　D. 主程序、子程序、函数

13. 以下选项中合法的用户标识符是_____。

A. long　　　　　　　B. _2Test　　　　　　C. 3Dmax　　　　　　D. for

14. 设有：char a=′\101\′;，则变量 a _____。

A. 包含 1 个字符 　　　　　　　　　　B. 包含 3 个字符

C. 包含 4 个字符 　　　　　　　　　　D. 定义不合法

15. 以下选项中运算对象不能为实型的运算符是_____。

A. %　　　　　　　　B. /　　　　　　　　C. =　　　　　　　　D. *

16. 已知 int i，a;，执行语句 i=(a=2*4;a*5);a+6; 后，变量 i 的值是_____。

A. 8　　　　　　　B. 14　　　　　　　C. 40　　　　　　　D. 46

17. 设有以下变量定义，并已付确定的值：

long w; int x; double y;

则表达式 w+x+1/y 值的数据类型是_____。

A. int　　　　　　　B. long　　　　　　　C. float　　　　　　D. double

18. 以下选项中，与 k=++n 完全等价的表达式是_____。

A. k=n, n=n+1　　　　　　　　　　　B. n=n+1, k=n

C. k=n+1　　　　　　　　　　　　　D. k+=n+1

19. 设 x、y、t 均为 int 型变量，则执行语句：x=y=0；t=++x‖++y; 后，y 的值为_____。

A. 0　　　　　　　B. 1　　　　　　　C. 2　　　　　　　D. 不确定

20. 若整型变量 a、b、t 已正确定义，现在要将 a 和 b 中的数据进行交换；下面不正确的是_____。

A. t=a; a=b; b=t;　　　　　　　　　B. t=a; a=b; b=t;

C. a=t; t=b; b=a;　　　　　　　　　D. t=b; b=a; a=t;

21. 设有：fioat a=2，b=4，h=3;，以下 C 语言表达式中与代数式 $\frac{1}{2}(a+b)h$ 计算结果不相符的是_____。

A. (a+b)*h/2　　　　　　　　　　　B. (1/2)*(a+b)*h

C. (a+b)*h*1/2　　　　　　　　　　D. h/2*(a+b)

22. 已知 a、b、c 为 int 类型，执行语句：scanf("a=%d,b=%d,c=%d",&a,&b,&c);，若要使得 a 为 1，b 为 2，c 为 3，则以下选项中正确的输入形式是_____。

A. a=1　　　　B. 1，2，3　　　　C. a=1，b=2，c=3　　D. 1 2 3

　　b=2

　　c=3

23. 对于以下形式：

　　if(表达式)语句

其中的表达式_____。

  A. 只能是关系表达式   B. 只能是关系表达式或逻辑关系式

  C. 只能是逻辑关系式   D. 可以是任何表达式

24. 若变量 c 为 char 类型，以下选项中能正确判断出 c 为数学字符的表达式是_____。

  A. $'0'<=c<='9'$ B. $(c>='0')\&\&(c<='9')$

  C. $('0'<=c)\&('9'>=c)$ D. $(c>=0)\&\&(c<=9)$

25. 下面有关 for 语句的正确描述是_____。

A. for 语句只能用于循环次数已经确定的情况

B. for 语句是先执行循环体语句，后判断作为循环条件的表达式

C. 在 for 语句中，不能用 break 语句跳出循环体

D. for 语句的循环体中，可以包含多条语句，但必须用花括号括起来

26. 能将两个变量 x、y 中值较小的一个赋给变量 z 的语句是_____。

A. if(x<y)z=x;   B. if(x>y)z=y;

C. z=x<y? x:y;   D. z=x>y? x:y;

27. 若有

  char str1[]="123456";

  char str1 []={'1','2','3','4','5','6'};

则下面叙述正确的是_____。

  A. 数组 str1 和 str2 完全相同

  B. str1 和 str2 数组长度相同

  C. 数组 str1 和 str2 不相同，str1 是指针数组

  D. str1 和 str2 数组长度不相同

28. 以下不能正确初始化二维数组的选项是_____。

A. int a[2][2]={{1},{2}};   B. int a[][2]={1,2,3,4,};

C. int a[2][2]={1,2,3};   D. int a[2][]={{1,2},{3,4}};

29. 执行下列程序

```
#include# <stdio. h>
#include# <string. h>
main()
{
char s[21]="ABC";
strcat(s,"6789");
printf("%s\n",s);
}
```

则输出结果是_____。

  A. ABC6789   B. ABC   C. 6789   D. 6789ABC

30. 在 C 语言程序中，关于函数说法正确的是_____。

A. 函数的定义可以嵌套，但函数的调用不可以嵌套

B. 函数的定义不可以嵌套，但函数的调用可以嵌套

C. 函数的定义和函数的调用均不可以嵌套

D. 函数的定义和函数的调用均可以嵌套

31. C语言程序中，调用函数时若实参是普通变量，则下面说法正确的是_____。

A. 实参和形参各占独立的存储单元

B. 实参和形参可以共用存储单元

C. 可以由用户指定实参和形参是否共用存储单元

D. 由计算机系统根据不同的函数自动确定实参和形参是否共用存储单元

32. 设程序中定义了以下函数

double myadd(double a,double b)

｛return(a＋b);｝

如果在程序中需要对该函数进行声明，以下选项中错误的是_____。

A. double myadd(double a,b);

B. double myadd(double,double);

C. double myadd(double b,double a);

D. double myadd(double a,double b);

33. C语言中，若某变量在定义它的函数被调用时才被分配存储单元，则该变量的存储类别为_____。

A. static　　　　　B. extern　　　　　C. auto 或 register　　　　　D. extern 或 static

34. 以下能使指针变量 p 指向变量 a 的正确选项是_____。

A. int a，＊p＝a;　　　　　B. int a，p＝a;

C. int a，＊p＝＊a;　　　　　D. int a，＊p＝&a;

35. 设有 char str[]＝"Olympic";

则表达式 ＊(str＋4)的值为_____。

A. ′m′　　　　　B. ′p′　　　　　C. ′i′　　　　　D. 不确定的值

36. 已知

union

｛ int i;

char e;

float p;

｝ ex

则 sizeof(ex) 的值是_____。

A. 1　　　　　B. 2　　　　　C. 4　　　　　D. 7

37. 设有

struct student

｛ char name[10];

int age;

```
    char sex；
  }std＝{"Li Ming",19,'M'}, * p；
    P＝&std
```

则下面各输出语句中错误的是_____。

A. printf("%d",(* p). age)；   B. printf("%d",p－＞age)；

C. printf("%d",p. age)；   D. printf("%d",std. age)；

38. 以下关于 typedef 的叙述不正确的是_____。

A. typedef 不能用来定义变量

B. 用 typedef 可以增加新类型

c. 用 typedef 只是将已存在的类型用一个新的名称来代表

D. 使用 typedef 便于程序的通用和移植

39. 已知：int x＝16；,则表达式 x＞＞2 的值是_____。

A. 64   B. 32   C. 8   D. 4

40. 下列关于文件操作描述正确的是_____。

A. 对文件操作必须先打开文件

B. 对文件操作必须先关闭文件

C. 对文件操作打开和关闭的顺序无关紧要

D. 对文件操作打开和关闭的顺序取决于是读还是写操作

二、填空题（每空 2 分，共 20 分）

1. 设有 int x；float y＝5.5；则执行语句 x＝y * 3＋(int)y%4；x 的值是_____。

2. 已知 int x＝5，y＝3，z＝1；,则执行语句 x%＝y＋z；后，x 的值是_____。

3. 已知 float f＝123.567；,则执行语句 printf("%.2f\n",f)；后，输出结果是_____。

4. 已知字符'A'的 ASCH 值为十进制 65，变量 c 为字符型，则执行语句 c＝'A'＋'6'－'3'；printf("%c\n",c)；后，输出结果是_____。

5. 已知 int x＝0，y＝1，z＝2；,则执行语句 if(! x)z＝－1；if(y)z＝z－2；printf("%d\n",z)；后，输出结果是_____。

6. 有程序段：char str[]＝"ab\070\\14\n"；printf("%d\n",strlen(str))；执行后输出结果是_____。

7. 已知 int a[10]；,则_____代表数组 a 的首地址。

8. 有函数调用语句：f(a＋b,(c,d),c)；,则该调用语句中函数实参的个数是_____。

9. 以下程序的输出结果为_____。

```
#include＜stdio. h＞
#define S(x,y)x * y
void main()
{ int a＝3,b＝2,c；
  c＝S(2＋a,b)；
```

```
    printf("%d\n",c);
  }
```

10. 已知 int a[3][3]={1,2,3,4,5,6,7,8,9};，则 *(*(a+2)+1)的值是_____。

三、阅读程序题（每小题 4 分，共 20 分）

1. 下面程序的运行结果是_____。

```
#include<stdio. h>
void main()
  {
   int i,a=0,b=0,c=0;
   for(i=0;i<5;i++)
     switch(i)
     {
       case 0:a++;
       case 1:
       case 2:b++;break;
       default:c++;
     }
   printf("a=%d,b=%d,c=%d\n",a,b,c);
  }
```

2. 下面程序的运行结果是_____。

```
#include<stdio. h>
void main()
{
   int a[10]={3,4,5,6,7,8,9,10,11,12,};
   int i,j;
   for(i=0;i<10;i++)
   {
     for(j=2;j<a[i];j++)
       if(a[i]%i==0)break;
       if(j>=a[i])printf("%3d",a[i]);
   }
   printf("\n");
}
```

3. 下面程序的运行结果是_____。

```
#include<stdio. h>
int func(int n)
{
   int s;
```

```
    if(n<=1)s=1;
    else s=2 * func(n-1);
    return s;
}
void main()
{
    int i,s=0;
    for(i=1;i<=5;i++)
        s=s+func(i);
    print{("s=%d\n",s);
}
```

4. 下面程序的运算结果是_____。

```
#include<stdio. h>
void func(int i)
{
    static int x=0;
    int y=0;
    x=x+1;
    y=y+1;
    printf("%d,%d\n",x,y);
}
void main()
{
    int i;
    for(i=10;i<30;i=i+10)
        func(i);
}
```

5. 下面程序的运行结果是_____。

```
#include<stdio. h>
void main()
{
    char str[]="Welcome to AnHui!", * p;
    p=str;
    while( * p! ='\0')
    {
        if( * p>='A'&& * p<='Z')
            * p= * p+('a'-'A');
        p++;
```

```
    }
    printf("%s\n",str);
}
```

四、编程题（共 20 分）

1. 编写程序从键盘任意输入 3 个学生的成绩，并按从小到大的顺序输出。（6 分）

2. 编写程序输出以下图形（要求用多重循环结构实现）。（7 分）

```
* * * * * * * * * *
  * * * * * * * *
    * * * * * * *
        * * *
          *
```

3. Fibonacci 数列为：1，1，2，3，5，8，…，从第 3 个数开始，每个数都是前面两个数的和。编写程序将 Fibonacci 数列前 20 项逆序存储在数组中并输出该数组。（7 分）

【参考答案】

一、单项选择题

DBBAD　CBCAA　ACCAA　CDBAC　BCDBD　CDDAB　AACDB　CCBDA

二、填空题

1. 17　2. 1　3. 123.57　4. 'D'　5. −3　6. 7　7. 数组名 a　或 a[0]　8. 3　9. 8　10. 8

三、阅读程序题

1. a＝1，b＝3，c＝2　2. ＿3＿5＿7_11　3. s＝31　4. 10，10　5. welcome to anhui !
　　　　　　　　　　　　　　　　　　　　　　　　　　　　30，20

四、编程题

1. 编写程序从键盘任意输入 3 个学生的成绩，并按从大到小的顺序输出。

```
#include#<stdio.h>
void main()
{ int a,b,c,t;
scanf(:"%d%d%d",&a,&b,&c);
if(a<b){t=a;a=b;b=t;}
if(a<c){t=a;a=c;c=t;}
if(b<c){t=b;b=c;c=t;}
printf("%d,%d,%d\n".a,b,c);}
```

2. 编写程序输出以下图形（要求用多重循环结构实现）。

```
#include#<stdio.h>
void main()
{ int k,j;
for(k=1;k<=5;k++)
  { for(j=1;j<=k;j++)
    printf(" ");
```

```
    for(j=1;j<=11-2*k;j++)printf(" * ");
    printf("\n");}}
```

3. Fibonacci 数列为：1，1，2，3，5，8，…，从第 3 个数开始，每个数都是前两个数的和。编写程序将 Fibonacci 数列前 20 项逆序存储在数组中并输出该数组。

```
    #include<stdio.h>
  void main()
{ int f[20],k,t;
  f[0]=f[1]=1;
  for(k=2;k<20;k++)f[k]=f[k-1]+f[k-2];
  for(k=0;k<10;k++){t=f[k];f[k]=f[19-k];f[19-k]=t;}
   for(k=0;k<20;k++)
   { if(k%5==0)printf("\n");
      printf("%5d",f[k]);}
}
```

全国高等学校（安徽考区）计算机水平考试（二级）C语言程序设计机试样卷

一、操作题

本操作系统操作题共有 5 小题

[警告：考生不得删除考生文件夹下与试题无关的文件或文件夹，否则将影响考生成绩]

在考生文件夹下进行以下操作：

1. 将其中的 RED. BMP 文件删除；

2. 将其中的文件 GOOD. TXT 改名 BEST. TXT；

3. 将其中的 GOODBYE 文件夹删除；

4. 在 SCORE 文件夹下建立一个新文件夹 NEWFILE；

5. 将文件 BEST. TXT 复制到新文件夹 NEWFILE 中。

二、改错题

注意事项：

1. 标有 MYMERROR？MYM 的程序行有错，请直接在该行修改；

2. 请不要删除或修改 MYMERROR？MYM 错误标志；

3. 请不要将错误行分成多行；

4. 请不要修改错误语句的结构或其中表达式的结构，如错误语句：

if((A＋B)＝＝(X＝X＋Y))…正确形式为 if((A＋B)！＝(X＝X＋Y))…，若改成：

if((B＋A)！＝(X＝X＋Y))…或 if((X＝X＋Y)！＝(A＋B))…或

if((A＋B)！＝(X＋＝Y))…等形式均不得分；

题目：

以下程序能够将字符串 str1 和字符串 str2 合并成一个新字符串 str。

```
♯include＜stdio. h＞
void main()
{
    char str1[30],str2[20],str[60];
    int i＝0,j＝0;
    printf("Enter first string：");
    gets(str1);
    printf("Enter second string：");
    gets(str2);
    while(str1[i])
        {str[i]＝str1[i];i＋＋;}
```

```
while(str2[j])
   {str[i++]=str2[j];
     i++;/*MYMERROR1MYM*/
   }
str[i]="\0";/*MYMERROR2MYM*/
printf("str=%c\n"str);/*MYMERROR3MYM*/
}
```

三、填空题

注意事项：

1. 请删除标有 MYMBLANK？MYM 的程序行上的下划线，将正确的答案填在原下划线处；

2. 请不要删除 MYMBLANK？MYM 错误标志；

3. 请不要将需要填空的行分成多行；

4. 请不要修改任何注释。

题目：

以下程序是将从键盘输入的字符串逆序存放，然后输出（如：输入 ABCD1A，输出 A1DCBA）。

```
#include<stdio.h>
#include<string.h>
void main()
{
   char s[81],t;
   int i,j,n;
   gets(s);
   n=strlen(s);
   _____/*MYMBLANK1MYM*/
   j=n-1;
   while(_____)/*MYMBLANK2MYM*/
   {
     t=s[i];s[i]=s[j];s[j]=t;
     i++;
     _____/*MYMBLANK3MYM*/
   }
   printf("%s",s);
}
```

四、编程题

注意事项：

1. 请不要修改题目中已经给出的任何语句，否则可能本题没有分数；

2. 程序编辑确定后，必须运行一次；

3. 只能在主函数 main() 和 PRINT() 之间的空白处编写程序；

4. 题目中已经给出中间或最后输出的语句，请不要修改已经给出的语句，否则可能本题没有分数。

题目：

计算 1～500 之间（即从 1 到 500）的全部"同构数"之和。所谓"同构数"是指一个数，它出现在它的平方数的右端。如 6 的平方是 36，6 出现在 36 的右端，6 就是同构数。

输出格式：

367

考生打开的 program. c 为：

```
#include<stdio. h>
PRINT(int s)
{
    FILE * out;
    if((out=fopen("result. txt","w+"))! =NULL)
        fprintf(out,"n=%d",s);
    fclose(out);
}
void main()
{
        /＊考生在此设计程序＊/
PRINT(s);
}
```

【参考答案】

限于篇幅原因，在此省略。

第 4 部分　附　　录

附录 1

全国高等学校（安徽考区）计算机水平考试
C 语言程序设计课程教学（考试）大纲

课程代号　240
学　　时　总学时数 78～108，上机实验学时数 30～36
课程性质　必修课
选课对象　计算机专业和理工类的非计算机专业学生
先修课程　计算机文化基础
内容概要　"C 语言程序设计"是计算机科学中的一门重要的技术基础课。全书共分 12 章，主要介绍 C 语言的程序的基本构成、计算机算法的基本概念；基本数据类型与运算规则；3 种基本程序控制结构（顺序、选择、循环）的相关语句和程序设计方法；数组的使用及程序设计方法；函数的定义、调用及程序设计方法；指针的使用及程序设计方法；结构体、联合、枚举数据的特点、定义和使用及程序设计方法；编译预处理、位运算及程序设计方法；文件处理及程序设计方法；面向对象及 C＋＋基础知识。

主要参考书

《新编 C 语言程序设计教程》，孙家启等编著，中国水利水电出版社。

《C 语言程序设计》，谭浩强，清华大学出版社。

《C 程序设计》，王丽娟等编，西安电子科技大学出版社。

课程教学（考试）大纲说明

1. 教学目的与任务

　　C 语言是一种应用广泛的面向过程的程序设计语言，它涉及计算机算法、语言、程序设计方法等内容，它既可为其他专业奠定程序设计的基础，又可作为相关专业课程的程序设计工具。本课程的目的是通过对 C 语言语法规则、数据类型、数据运算、语句、系统函数、程序设计的学习，掌握应用 C 语言进行简单程序设计的技能，培养学生的自我学习和动手能力，真正用高级语言这个工具去解决实际问题，为后续专业中应用计算机打下重要基础。

2. 课程的基本要求

　　通过本课程的学习，应能达到知识和技能两方面的目标。

知识方面：熟练掌握 C 语言的数据类型、各种运算符、语句语法、语义规则等；掌握 C 语言程序设计的基本方法，能够运用常用算法编制出结构化的 C 程序；掌握 C 语言的常用库函数使用，以及用户函数的定义、调用、参数传递等方法。

技能方面：熟练掌握阅读和分析简短程序的方法和技巧；熟练掌握设计和调试程序的方法和技巧；了解并初步掌握实用程序的开发与调试技术。

3. 与其他课程的联系和分工

本课程的知识和技能与理工类各专业的专业课关系密切，是各专业课程中使用计算机的重要工具。

本课程除了学习程序设计语言的语句、语法、程序的结构与实现方法外，更重要的是掌握解题的算法描述，因此要求先修课程：高等数学、线性代数、计算机文化基础。

4. 课程的内容与学时分配

章　次	内　　容	总学时数	课堂讲授学时数	实验学时
一	C 语言概述	4	2	2
二	数据类型与运算	6～8	4～6	2
三	输入与输出	6～12	4～8	2～4
四	语句和流程结构	10～12	6～8	4
五	数组	10～14	6～8	4～6
六	函数	10～12	6～8	4
七	指针	10～14	6～10	4
八	结构、联合与枚举	10～12	6～8	4
九	编译预处理	3～6	2～4	1～2
十	位运算	3～6	2～4	1～2
十一	文件	4～6	2～4	2
十二	面向对象及 C++基础知识	2	2	
	总　计	78～108	48～72	30～36

5. 本课程的性质及适用对象

计算机专业和理工类的非计算机专业学生。

6. 考试说明

修完本课程的学生，可以参加全国高等学校（安徽考区）计算机水平考试：二级"C语言程序设计"。

考试方式：笔试＋机试

课程教学（考试）大纲内容

第 1 章　C 语 言 概 论

1. 课程内容

C 语言的由来、C 语言的特点、C 程序的基本词法、C 程序的基本结构、算法、C 程序的上机步骤。

2. 教学提示

通过本章的学习，了解程序、程序设计、高级语言的概念；了解 C 语言的形成、发展和基本程序结构；掌握计算机算法的基本概念；掌握在 Turbo C 环境下调试 C 程序的上机步骤。

3. 知识点

程序的概念；C 程序的基本结构；计算机算法的概念。

4. 重点与难点

C 程序的基本结构、计算机算法的概念。

第 2 章　数 据 类 型 和 运 算

1. 课程内容

C 语言的数据类型、常量、变量、基本运算符和表达式。

2. 教学提示

通过本章的学习，要求了解 C 语言的数据类型和运算符；掌握各种基本类型常量的书写方法和变量的定义、赋值、初始化和使用方法；掌握各种基本表达式的组成和运算规则及优先级别，以及不同类型数据运算的类型转换规则。

3. 知识点

C 语言的数据类型；基本类型数据在内存中的存放方式；C 的运算符和表达式；运算符的优先级和结合性；类型转换规则。

4. 重点与难点

重点：基本数据类型常量的书写方法和变量的定义、赋值、初始化、使用方法；基本运算符的运算规则及优先级别、表达式的构成规则和计算。

难点：运算符的优先级和结合性；混合表达式计算；逻辑值的表示方法。

第 3 章　输 入 和 输 出

1. 课程内容

格式输入/输出函数、字符输入/输出函数、scanf，getchar，printf 和 putchar 的比较。

2. 教学提示

通过本章的学习，要求了解结构化程序的 3 种基本结构；熟练掌握赋值语句、输入/输出函数的使用方法，能正确设计顺序结构程序。

3. 知识点

格式输入/输出函数的使用；字符输入/输出函数的使用；顺序结构程序设计方法。

4. 重点与难点

重点：字符和格式输入/输出函数的调用格式与功能。

难点：scanf/printf 函数的格式。

第 4 章　语 句 和 流 程 结 构

1. 课程内容

C 语言语句、分支结构程序、循环结构程序、转移语句。

2. 教学提示

通过本章的学习，熟练掌握分支结构语句的格式和功能，能正确选取分支语句来设计选择结构程序；熟练掌握循环结构语句的格式和功能，并能根据循环结构的要求正确选取循环语句来实现循环。

3. 知识点

用 if，switch 语句实现选择结构程序设计方法；用 while，do－while，for 语句实现循环结构程序设计方法；多重循环结构的设计方法。

4. 重点与难点

重点：if，switch 语句格式和功能；while，do－while，for 语句的格式和功能。

难点：循环嵌套和 for 语句的灵活应用。

第 5 章　数　　组

1. 课程内容

一维数组、二维数组、字符数组。

2. 教学提示

通过本章的学习，要求掌握一维数组、多维数组、字符数组的定义、初始化、数组元素的引用等方法；掌握有关处理字符串的系统函数的使用方法。介绍数组常用的算法：求极值、排序、查找等。

3. 知识点

一维数组的定义、初始化和数组元素的使用方法；二维数组的定义、初始化和数组元素的使用方法；字符数组的定义、初始化和数组元素的使用方法；字符串处理函数及其使用；常用算法的应用。

4. 重点与难点

重点：一维数组、多维数组、字符数组的定义、初始化和数组元素的使用；字符串处理函数的使用。

难点：字符串与字符数组的区别、存放若干字符和存放字符串的字符型数组的差别；应用数组编制应用程序。

第 6 章　函　　数

1. 课程内容

函数的概述、函数的参数和函数的值、数组作为函数参数、变量的作用域和存储类型、内部函数和外部函数。

2. 教学提示

通过本章的学习，要求熟练掌握用户函数的结构、定义方法和调用方法；掌握函数调用中数据传递的几种方式；掌握函数调用的形式和规则、函数的返回值、函数的类型声明；了解嵌套和递归的概念及如何实现函数的嵌套调用和递归调用；了解变量存储类别的概念；掌握设计由多个函数组成的 C 程序的方法。

3. 知识点

函数的概念；函数的定义与调用；变量的作用域与存储类别；函数的应用。

4. 重点与难点

重点：函数的定义和调用方法、函数的返回值及类型、函数的类型声明；常用系统函数的使用。

难点：有参函数的参数传递；函数在程序设计中的应用。

第7章 指　　针

1. 课程内容

指针的基本概念、指针变量的类型说明、指针变量的引用、指针和函数参数、数组指针变量、数组名和数组指针作函数参数、指向多维数组的指针变量、字符串指针变量、使用字符串指针变量与字符数组、函数指针变量、指针型函数、指针数组、命令行参数、指向指针的指针变量。

2. 教学提示

通过本章的学习，要求掌握地址、指针、指针变量的概念；深刻理解变量、数组、字符串指针的含义；熟练掌握指向变量、数组、字符串的指针变量的定义与引用方法；能正确地利用指针变量来引用所指向的变量或数组；掌握各种指针变量作为函数参数时的传递过程；了解指针数组和多级指针的概念；能在程序设计中正确应用指针来解决实际问题。

3. 知识点

地址与指针的概念；指针变量的定义、初始化和引用；指针变量的使用；指针数组和多级指针；指针应用程序设计。

4. 重点与难点

重点：变量、数组、字符串指针和相应指针变量的定义与引用。

难点：指针概念的建立，指针作为函数参数时的传递过程，二维数组指针。

第8章 结构体与联合

1. 课程内容

结构、动态存储分配、用指针处理链表、联合、枚举、类型定义符 typedef。

2. 教学提示

通过本章的学习，了解结构体、联合体和枚举型数据的特点；熟练掌握结构钵的定义方法，结构体变量、数组、指针变量的定义、初始化和成员的引用方法；掌握联合体和枚举型的定义方法和对应变量的定义和引用；掌握用户自定义类型的定义和使用。

3. 知识点

结构体的概念；结构体变量的定义、引用、初始化；结构体数组的定义、引用、初始化；指向结构体数据的指针变量的定义和引用；联合体的定义及对应变量的定义和引用；枚举型的定义及对应变量的定义和引用；用户自定义类型的定义和使用。

4. 重点与难点

重点：结构体、联合体、枚举型数据的特点和定义；结构体变量、数组、指针变量的定义、初始化和成员引用方法。

难点：嵌套的结构体数据的处理；用指针处理链表。

第 9 章　编 译 预 处 理

1. 课程内容

宏定义、文件包含、条件编译。

2. 教学提示

通过本章的学习，掌握编译预处理的语法形式和使用方法；掌握带参宏的定义和宏替换。

3. 知识点

宏定义；文件包含；条件编译。

4. 重点与难点

带参宏的定义和宏替换。

第 10 章　位　运　算

1. 课程内容

位运算符、位域。

2. 教学要求

通过本章的学习，了解 C 语言的位运算功能；计算机内的数据表示方法；位运算符的运算对象、运算规则和优先级。

3. 知识点

计算机内的数据表示方法；位运算符的运算规则和优先级。

4. 重点与难点

在计算机内数据的表示方法；位运算符的运算规则和优先级

第 11 章　文　　　件

1. 课程内容

文件的基本概念、文件指针、文件的打开与关闭、文件的读写、文件的随机读写、文件的检测函数。

2. 教学提示

通过本章的学习，了解磁盘文件的概念和用途；掌握文件指针的概念和文件指针变量的定义方法；深刻理解文件的读、写、定位等基本操作的实现；熟悉文件的打开、关闭、读、写、定位等函数的调用形式；掌握文件操作在程序设计中的应用方法。

3. 知识点

文件类型指针（FILE 类型指针）；文件的打开与关闭：文件的读写与定位。

4. 重点与难点

重点：文件的读写与定位操作的实现及文件在 C 程序中的应用。

难点：文件处理的各种系统函数的使用。

第 12 章　面向对象及 C＋＋基础知识

1. 课程内容

C＋＋的特点、转入 C＋＋时需要改变的内容、C＋＋的程序结构、C＋＋的类和对象。

2. 教学提示

通过本章的学习，了解面向对象的程序设计方法的基本概念；掌握 C＋＋的程序结构。

3. 知识点

面向对象程序设计中几个要素（对象、类、继承、通信）；C＋＋的程序结构。

4. 重点与难点

C＋＋的程序结构。

附录 2

全国高等学校（安徽考区）计算机水平考试
C 语言程序设计课程实验教学大纲

课程名称　　C 语言程序设计

英文名称　　C Programming

1. 实验的作用与目的

上机操作是本课程必不可少的实践环节。主要目的是锻炼和培养学生实际操作技能和解决实际问题的能力。要求学生掌握 C 语言程序设计、调试、运行方法，获得用高级语言解题的实际体会，加深对 C 语言的理解，得到程序设计方法和技巧的训练，使学生熟悉用高级语言解决实际问题的全过程。通过上机实验让学生及时掌握和巩固所学的内容，在独立编写程序、独立上机调试程序的同时，真正能用高级语言这个工具去解决实际问题，并将其应用在所学专业上。

2. 实验的基本要求

按教材的内容完成课内各项实验任务，客观认真地填写实验报告，记录调试程序的过程。每次实验报告（表格）应及时上交教师，以便进行考核和评分。实验前学生要复习上课讲过的内容，预习实验指导，按照实验的要求编好程序，然后在机器上调试运行。

3. 实验原理及课程简介

本实验课程是应用已掌握的程序设计方法，编写程序调试运行。

4. 主要设备及器材配置

计算机及网络设备、打印设备。

5. 课程的学时

建议总学时数：78～108；建议上机实验学时数：30～36。

6. 适用对象

计算机专业和理工类的非计算机专业学生。

7. 实验项目与内容提要

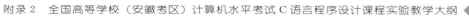

序号	实验内容	内 容 提 要	实验要求	实验时数	实验类型
1	进入 TC	熟悉环境、数据类型、运算符、表达式		3	验证
2	顺序结构程序设计	熟悉输入、输出函数的格式，并利用学过的内容编写顺序结构程序		3	设计
3	选择结构程序设计	利用 if、switch 语句编写分支结构程序		3	设计
4	循环程序	利用 while、do－while、for 语句编写循环程序		3	设计
5	数组	一维数组、二维数组、字符数组的应用	必开	3～6	设计
6	函数	函数的传递方式、变量的存储类型、函数的嵌套调用和递归调用		3	设计
7	指针	指针的应用		3～6	设计
8	结构体与联合	结构体与联合的应用		3	设计
9	编译预处理和位运算	编译预处理和位运算的应用		3	设计
10	文件	文件的应用		3	设计
总计学时数				30～36	

8. 实验指导书

《新编 C 语言程序设计上机实验教程》，孙家启等编著。

全国计算机等级考试（二级）
C 语言程序设计考试大纲

公 共 基 础 知 识

基本要求

1. 掌握算法的基本概念。
2. 掌握基本数据结构及其操作。
3. 掌握基本排序和查找算法。
4. 掌握逐步求精的结构化程序设计方法。
5. 掌握软件工程的基本方法，具有初步应用相关技术进行软件开发的能力。
6. 掌握数据库的基本知识，了解关系数据库的设计。

考试内容

一、基本数据结构与算法

1. 算法的基本概念；算法复杂度的概念和意义（时间复杂度与空间复杂度）。

2. 数据结构的定义；数据的逻辑结构与存储结构；数据结构的图形表示；线性结构与非线性结构的概念。

3. 线性表的定义；线性表的顺序存储结构及其插入与删除运算。

4. 栈和队列的定义；栈和队列的顺序存储结构及其基本运算。

5. 线性单链表、双向链表与循环链表的结构及其基本运算。

6. 树的基本概念；二叉树的定义及其存储结构；二叉树的前序、中序和后序遍历。

7. 顺序查找与二分法查找算法；基本排序算法（交换类排序，选择类排序，插人类排序）。

二、程序设计基础

1. 程序设计方法与风格。
2. 结构化程序设计。
3. 面向对象的程序设计方法，对象，方法，属性及继承与多态性。

三、软件工程基础

1. 软件工程基本概念，软件生命周期概念，软件工具与软件开发环境。

2. 结构化分析方法，数据流图，数据字典，软件需求规格说明书。

3. 结构化设计方法，总体设计与详细设计。

4. 软件测试的方法，白盒测试与黑盒测试，测试用例设计，软件测试的实施，单元测试、集成测试和系统测试。

5. 程序的调试，静态调试与动态调试。

四、数据库设计基础

1. 数据库的基本概念：数据库，数据库管理系统，数据库系统。

2. 数据模型，实体联系模型及 E—R 图，从 E—R 图导出关系数据模型。

3. 关系代数运算，包括集合运算及选择、投影、连接运算，数据库规范化理论。

4. 数据库设计方法和步骤：需求分析、概念设计、逻辑设计和物理设计的相关策略。

考试方式

1. 公共基础知识的考试方式为笔试，与 C 语言程序设计（C＋＋语言程序设计、Java 语言程序设计、Visual Basic 语言程序设计、Visual FoxPro 数据库程序设计或 Access 数据库程序设计）的笔试部分合为一张试卷。公共基础知识部分占全卷的 30 分。

2. 公共基础知识有 10 道选择题和 5 道填空题。

C 语 言 程 序 设 计

基本要求

1. 熟悉 **Visual C＋＋6.0** 集成开发环境。

2. 掌握结构化程序设计的方法，具有良好的程序设计风格。

3. 掌握程序设计中简单的数据结构和算法并能阅读简单的程序。

4. 在 **Visual C＋＋6.0** 集成环境下，能够编写简单的 **C** 程序，并具有基本的纠错和调试程序的能力。

考试内容

一、C 语言的结构

1. 程序的构成，MAIN 函数和其他函数。

2. 头文件，数据说明，函数的开始和结束标志。

3. 源程序的书写格式。

4. C 语言的风格。

二、数据类型及其运算

1. C 的数据类型（基本类型、构造类型、指针类型、空类型）及其定义方法。

2. C 运算符的种类、运算优先级和结合性。

3. 不同类型数据间的转换与运算。

4. C 表达式类型（赋值表达式，算术表达式，关系表达式，逻辑表达式，条件表达式，逗号表达式）和求值规则。

三、基本语句

1. 表达式语句，空语句，复合语句。

2. 数据的输入与输出，输入输出函数的调用。

3. 复合语句。

4. GOTO 语句和语句标号的使用。

四、选择结构程序设计

1. 用 IF 语句实现选择结构。

2. 用 SWITCH 语句实现多分支选择结构。

3. 选择结构的嵌套。

五、循环结构程序设计

1. FOR 循环结构。

2. WHILE 和 DO WHILE 循环结构。

3. CONTINUE 语句和 BREAK 语句。

4. 循环的嵌套。

六、数组的定义和引用

1. 一维数组和多维数组的定义、初始化和引用。

2. 字符串与字符数组。

七、函数

1. 库函数的正确调用。

2. 函数的定义方法。

3. 函数的类型和返回值。

4. 形式参数与实在参数，参数值的传递。

5. 函数的正确调用，嵌套调用，递归调用。

6. 局部变量和全局变量。

7. 变量的存储类别（自动，静态，寄存器，外部），变量的作用域和生存期。

8. 内部函数与外部函数。

八、编译预处理

1. 宏定义：不带参数的宏定义；带参数的宏定义。

2. "文件包含"处理。

九、指针

1. 指针与指针变量的概念，指针与地址运算符。

2. 变量、数组、字符串、函数、结构体的指针以及指向变量、数组、字符串、函数、结构体的指针变量。通过指针引用以上各类型数据。

3. 用指针作函数参数。

4. 返回指针值的指针函数。

5. 指针数组，指向指针的指针，MAIN 函数的命令行参数。

十、结构体（即"结构"）与共用体（即"联合"）

1. 结构体和共用体类型数据的定义方法和引用方法。

2. 用指针和结构体构成链表，单向链表的建立、输出、删除与插入。

十一、位运算

1. 位运算符的含义及使用。

2. 简单的位运算。

十二、文件操作

只要求缓冲文件系统（即高级磁盘 I/O 系统），对非标准缓冲文件系统（即低级磁盘 I/O 系统）不要求。

1. 文件类型指针（FILE 类型指针）。

2. 文件的打开与关闭（FOPEN，FCLOSE）。

3. 文件的读写（FPUTC，FGETC，FPUTS，FGETS，FREAD，FWRITE，FPRINTF，FSCANF 函数），文件的定位（REWIND，FSEEK 函数）。

考试题型

1. 选择题（40 分）

2. 程序填空（18 分）

3. 程序改错（18 分）

4. 程序编程（24 分）

考试时间

120 分钟无纸化考试

参 考 文 献

[1] 孙家启．C语言程序设计上机实验教程．合肥：安徽大学出版社，2001．

[2] 刘正林，等．C语言程序设计教程习题详解与上机实验．2版．武汉：华中科技大学出版社，2006．

[3] 高枚，等．C语言程序设计教程——习题解答与上机实验．上海：同济大学出版社．2007．

[4] 李明．C语言程序设计上机实验教程．上海：同济大学出版社，2010．

[5] 谭浩强．C语言程序设计题解与上机指导．北京：清华大学出版社，2005．

[6] 武雅丽，等．C语言程序设计习题与上机实验指导．北京：清华大学出版社，2012．

[7] 张文祥，等．C语言程序设计实训教程．北京：科学出版社，2011．